电缆绝缘护套损伤自修复技术

林木松　彭磊　李智　付强　张晟 等 编著

中国电力出版社

CHINA ELECTRIC POWER PRESS

内 容 提 要

　　《电缆绝缘护套损伤自修复技术》共分为 9 章，主要内容包括电缆的分类和内部结构、电缆绝缘护套老化损伤类型及其危害、热-机械作用下绝缘护套损伤老化机理与自修复理论、电缆绝缘护套损伤定位技术、电缆绝缘护套损伤常规修复方法、材料的自修复技术、电缆的自修复涂层材料的研发与应用、自修复电缆绝缘护套材料的研发与应用、自修复性能的评价。

　　本书可供电缆的生产、科研以及应用部门与机构的工程技术人员使用，也可供大专院校相关专业的师生参考。

图书在版编目（CIP）数据

电缆绝缘护套损伤自修复技术/林木松等编著. —北京：中国电力出版社，2024.3
ISBN 978-7-5198-8233-4

Ⅰ.①电… Ⅱ.①林… Ⅲ.①电缆护套料 Ⅳ.①TM215

中国国家版本馆 CIP 数据核字（2023）第 201976 号

出版发行：中国电力出版社
地　　址：北京市东城区北京站西街 19 号（邮政编码 100005）
网　　址：http://www.cepp.sgcc.com.cn
责任编辑：匡　野
责任校对：黄　蓓　李　楠
装帧设计：郝晓燕
责任印制：石　雷

印　　刷：三河市万龙印装有限公司
版　　次：2024 年 3 月第一版
印　　次：2024 年 3 月北京第一次印刷
开　　本：787 毫米×1092 毫米　16 开本
印　　张：14.25
字　　数：274 千字
定　　价：88.00 元

编　委　会

主　　编　林木松

副主编　彭　磊　李　智

编写人员　付　强　张　晟　唐　念　张　丽

　　　　　盘思伟　钱艺华　阮文红　马晓茜

　　　　　余昭胜　赵耀洪　李忠磊

前　言

电力电缆是电网的重要组成部分，随着我国国民经济的蓬勃发展，全国电网的电缆的数量和长度在不断地增长，截至 2017 年，我国各种电压等级的输电线路达到 70 万千米。电力电缆犹如电网的"血管"，将电能输送到千家万户。为了让读者对电缆有充分的认识，本书对 5 大类不同用途的电缆的分类、结构、型号、用途进行了详细的介绍。

《电缆绝缘护套损伤自修复技术》共分为 9 章，主要内容包括电缆的分类和内部结构、电缆绝缘护套老化损伤类型及其危害、热-机械作用下绝缘护套损伤老化机理与自修复理论、电缆绝缘护套损伤定位技术、电缆绝缘护套损伤常规修复方法、材料的自修复技术、电缆的自修复涂层材料的研发与应用、自修复电缆绝缘护套材料的研发与应用、自修复性能的评价。

电缆在敷设、安装和运行过程中，电缆绝缘受外力以及热、电、光等外界条件的影响，不可避免地发生性能老化，第二章重点介绍了绝缘材料外力以及热、电、光等老化因素影响下性能的劣化规律，而对于 110kV 以上的高压电缆，电缆绝缘护套损伤容易导致金属护套多点接地而产生环流，使电缆的载流量下降 30%～40%，导致电缆局部发热和局部放电而使绝缘护套快速老化；绝缘护套破损进水还导致金属护套腐蚀穿孔，危及主绝缘，导致线路故障停电。第三章从材料分子动力学的层面介绍机械及热老化条件下的发生机理以及对机械、电气性能的影响规律，同时从材料分子动力学的自由体积和内聚能的角度探讨主客体包合超分子作用力实现材料损伤自修复的可行性和机理。

电缆老化严重影响材料的性能，影响电缆的正常运行，对电缆损伤的修复是恢复正常性能的手段。电缆常规的修复技术有修复液灌装、热风焊、热缩管、绝缘胶带等技术，而常规的修复技术需要故障定位技术。本书第四章重点介绍了电桥法、脉冲法、声测法、音频法、跨步电压法等方法的故障定位原理以及存在的优缺点等。第五章介绍了常规修复技术修复机理、实施工艺、修复前后的性能变化等。

此外，常规方法需要依靠故障定位技术和停电修复，严重影响生产，亟须探索不依靠故障定位和停电修复的电缆护套绝缘材料自修复技术。第六章分别介绍填充型、动态共价键、超分子等三大类自修复方法中分类、自修复机理以及应用情况，再进一步探讨自修复技术在电缆绝缘材料的应用研究以及自修复效果的评价。第七章介绍了电缆自修复涂层材料的研制、性能检测及应用评价。第八章介绍了自修复电缆绝缘护套的研制、性能检测及应用评价。第九章介绍电缆自修复绝缘材料自修复效果的评价方法，使读者对自修复绝缘材料的研制方法、性能及应用效果具有全面的了解。

全书知识结构合理、内容新颖，对电缆的生产、科研以及应用部门与机构的工程技术人员参考价值较大，本书依托中国南方电网有限责任公司科研项目"电网输电电缆自愈合绝缘护套材料研究及工程应用"进行撰写，对我国输电电缆绝缘损伤自修复具有重要的指导意义和工程价值。

由于作者的水平有限，书中的某些内容与观点有待进一步研究和完善，不足之处，敬请读者谅解。

作　者

2023 年 9 月于广州

目 录

1 电缆的分类和内部结构

1.1 电缆的分类

电线电缆产品根据不同的用途主要分为五大类：裸电线、光纤及通信电缆、电磁线、电气装备用电线电缆、电力电缆。

1.1.1 裸电线及裸导体制品

1. 分类

裸电线与裸导体制品是指没有绝缘、没有护层的导电线材（见图 1-1），按结构与用途的不同，分为四小类：

（1）裸单线。裸单线指的是不同材料和尺寸的有色金属单线，可分为圆单线（铜、铝及其合金），扁线（铜、铝及其合金），有金属镀层（锡、银、镍）的单线和双金属线（铝包钢、铜包铝、铜包钢）等。此类产品大部分作为供给下一道制作电线电缆产品作为材料使用。

（2）裸绞线。这是本大类产品中的主导产品，由于总是架设在电杆上，习惯上称为架空导线。架空导线本身不分电压等级，即从低压、中压、高压乃至超高压原则上都可以用同一系列的导线。但 330~500kV 级，对导线外径大小及表面的光洁度有特殊要求，以减少导线表面电晕（即电场使周围局部空气电游离，会增大线路损耗）。架空导线结构虽然简单，但其作用却极为重要。在电力网络中，其线路长度占了总量的 90% 以上，特别是 110~500kV 高压输、配电线路中更是占了绝大多数。

裸绞线从结构组成上可以分为三种。一种是以单一金属材料的单线绞制而成，如铝绞线、铜绞线、铝合金绞线等；另一种是以钢绞线为芯线以增加承拉强度，外面绞上一层或几层铝线或铝合金线的钢芯铝绞线；第三种是以双金属单线绞制而成的绞线，如铝包钢绞线。钢芯铝绞线是使用最广泛的品种，由于有了钢芯承受悬挂在电杆上的拉力，可以增大电杆间距以减少投资（特别是高压线路）并延长导线寿命、增强安全性。敷设

1

线路周围如有腐蚀气体（如海边的盐雾、化工厂地区），则应采用涂有防腐涂料的防腐型钢芯铝绞线。

架空、导线新品发展的趋向是：

1）在不增加导线自重的前提下增加抗拉能力和耐振动性，如高强度铝合金绞线，自阻尼（防振动）导线等；

2）提高导线长期工作温度或导电率以增大传输容量，如倍容量导线等；

3）在寒冷地区防止导线表面结冰的防冰雪导线等。

（3）软接线与编织线。这是一类特殊用途的产品、品种不少但用量较少；如电动机械的电刷线、蓄电池的并联线、天线、接地线和屏蔽网套等。此类产品是采用细铜单线经束绞、复绞而成，例如：蓄电池并联线一般制成扁形（俗称辫子线），而屏蔽网套系采用细铜单线编制而成，套在要求屏蔽的电线外。

图 1-1　裸导线

（4）型线与型材。产品的横截面形状各异，不是圆形的称为型线；而不是以较大长度使用的产品称为型材。按其用途可分为三种：

1）作为大电流母线（又称汇流排）用的铜、铝排材。此类排材大多是扁平状的，也有制成空心矩形和半弓子形的，用于电厂、变电站传输大容量电流用，以及应用在开关柜中。近年来又发展了带有绝缘层的绝缘母线。

2）接触网用导线。此类导线用于电气化铁道，城市电车、隧道内电机车（如地铁、矿山地下坑道车）等用的架空导线。由于城市轨道交通线路和电气化铁道的大规模发展，使用接触网导线（俗称电车线，现简称为接触线）的用量成倍增加。对接触线的技术要求除了导电性能好和有足够的抗拉强度和良好的耐气候腐蚀性外，优良的抗耐磨性也很重要，与使用寿命直接相关。

3）异形排材。此类排材主要用于各类电机中换向器元件，以及各种断路器、隔离开关的刀头电极，截面形状有梯形、单峰形，双峰形，材质为铜或铜合金。

2. 型号

裸导线的型号是用制造导线的材质、导线的结构和截面积三部分表示的。其中导线的材质和结构用汉语拼音字母表示，即：T 表示铜线、L 表示铝线、G 表示钢线，J 表示多股绞线、H 表示合金、F 表示防腐。例如：TJ 表示铜绞线、LJ 表示铝绞线、GJ 表示钢绞线、LHJ 表示铝合金绞线、LGJ 表示钢芯铝绞线。导线的截面用数字表示，它的单位为 mm。例如 LJ-240 表示标称截面为 240mm^2 的铝绞线。LGJ-240/35 表示铝绞线截面 240mm^2 钢芯截面为 35mm^2 的钢芯铝绞线。

3. 生产工艺

绞合设备包括笼式绞线机、盘式绞线机、叉式绞线机、框式绞线机、管式绞线机、束线机等。绞线机组成部分：①放线装置；②牵引装置；③收线装置；④其他：计米器、电气、液压、气压控制装置和分线板、压模、压型、预扭、绕包、自动停车等装置。一般绞线绞合工艺：

（1）绞合方式。裸绞线和绞合线芯的绞合方式有退扭和不退扭两种：①退扭绞合：指在整个绞合过程中单线（或股线）本身不扭转。②不退扭绞合：绞合过程中，每绞一个节距，单线（或股线）自身要扭转 360°，即绞合时导线绕中心轴线公转一周时，导体本身也自转一周。

（2）绞线的紧压：扇形紧压线芯和圆形紧压线芯。

1.1.2　光纤及通信电缆

1. 光纤

通信电缆及光纤是应用于通信的电线电缆，两者的区别是：①材质上有区别：电缆以金属材质为导体，光缆以玻璃质纤维为传导体；②传输信号上有区别：电缆传输的是电信号，光缆传输的是光信号；③应用范围上有区别：电缆现多用于能源传输及低端数据信息传输，光缆多用于数据。

光纤，全称光导纤维，是一种由玻璃或塑料制成的可绕曲的纯玻璃纤维，也是利用光在这些纤维中以全内反射原理传输的光传导工具。光缆主要是由光导纤维（细如头发的玻璃丝）和塑料保护套管及塑料外皮构成，光缆内没有金、银、铜铝等金属，一般无回收价值。光缆是一定数量的光纤按照一定方式组成缆芯，外包有护套，有的还包覆外护层，用以实现光信号传输的一种通信线路。

光缆的内部结构包括光纤、套管填充物、松套管、缆芯填充物、聚乙烯内护套、阻水带、涂塑钢带、聚乙烯外护套、中心加强芯，如图 1-2 所示。通信光缆比铜线电缆具有更大的传输容量，中继段距离长、体积小、重量轻，无电磁干扰，自 1976 年以后已发展成长途干线、市内中继、近海及跨洋海底通信、局域网、专用网等的有线传输线路骨干，并开始向市内用户环路配线网的领域发展，为光纤到户、宽带综合业务数字网提供传输线路。

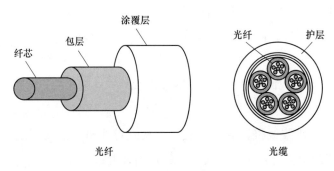

图 1-2　光缆的内部结构

光纤的分类主要是根据工作波长、折射率分布、传输模式、原材料和制造方法进行分类，现将各种分类举例如下：

1）按工作波长分类：紫外光纤、可观光纤、近红外光纤、红外光纤（0.85、1.3、1.55μm）。

2）按折射率分布分类：阶跃（SI）型光纤、近阶跃型光纤、渐变（GI）型光纤、其他（如三角型、W 型、凹陷型等）。

3）按传输模式分类：单模光纤（含偏振保持光纤、非偏振保持光纤）、多模光纤。

4）按原材料分类：石英光纤、多成分玻璃光纤、塑料光纤、复合材料光纤（如塑料包层、液体纤芯等）、红外材料等。按被覆材料还可分为无机材料（碳等）、金属材料（铜、镍等）和塑料等。

5）按制造方法分类：包括预塑法和拉丝法，预塑有气相轴向沉积（VAD）、化学气相沉积（CVD）等，拉丝法有管律法和双坩埚法等。

以下是各种光纤的介绍。

（1）石英光纤。石英光纤是以二氧化硅（SiO_2）为主要原料，并按不同的掺杂量，来控制纤芯和包层的折射率分布的光纤。石英（玻璃）系列光纤，具有低耗、宽带的特点，已广泛应用于有线电视和通信系统。

石英玻璃光导纤维的优点是损耗低，当光波长为 1.0～1.7μm（约 1.4μm 附近），损耗只有 1dB/km，在 1.55μm 处最低，只有 0.2dB/km。

（2）掺氟光纤。掺氟光纤为石英光纤的典型产品之一。通常，作为 $1.3\mu m$ 波域的通信用光纤中，控制纤芯的掺杂物为二氧化锗（GeO_2），包层是用 SiO_2 制作的。氟素的作用主要是可以降低 SiO_2 的折射率。因而，常用于包层的掺杂。

（3）复合光纤。复合光纤是在 SiO_2 原料中，再适当混合诸如氧化钠（Na_2O）、氧化硼（B_2O_3）、氧化钾（K_2O）等氧化物制作成多组分玻璃光纤，特点是多组分玻璃比石英玻璃的软化点低，而且纤芯与包层的折射率差很大。复合光纤主要用在医疗业务的光纤内窥镜。

（4）氟氯化物光纤。氟化物光纤氯化物光纤是由氟化物玻璃制作的光纤。这种光纤原料简称 ZBLAN，包括氟化锆（ZrF_2）、氟化钡（BaF_2）、氟化镧（LaF_3）、氟化铝（AlF_3）、氟化钠（NaF）等氟化物玻璃原料制作的光纤，主要用于 $2\sim10\mu m$ 波长的光传输业务。由于 ZBLAN 具有超低损耗光纤的可能性，可用于长距离通信光纤的可行性开发，例如：其理论上的最低损耗在 $3\mu m$ 波长时可达 $10^{-2}\sim10^{-3}dB/km$，而石英光纤在 $1.55\mu m$ 时却在 $0.15\sim0.16dB/km$ 之间。此外，由于 ZBLAN 光纤难以降低散射损耗，只能用在 $2.4\sim2.7\mu m$ 的温敏器和热图像传输，尚未被广泛应用。最近，为了利用 ZBLAN 进行长距离传输，正在研制 $1.3\mu m$ 的掺镨光纤放大器（PDFA）。

（5）塑包光纤。塑包光纤是将高纯度的石英玻璃制作纤芯，而将折射率比石英稍低的如硅胶等塑料作为包层的阶跃型光纤。它与石英光纤相比较，具有纤芯粗、数值孔径（NA）高的特点。因此，易与发光二极管 LED 光源结合，损耗也较小。所以，非常适用于局域网（LAN）和近距离通信。

（6）塑料光纤。这是将纤芯和包层都用塑料（聚合物）制作的光纤。早期产品主要用于装饰和导光照明及近距离光键路的光通信中。原料主要是有机玻璃（PMMA）、聚苯乙烯（PS）和聚碳酸酯（PC）。损耗受到塑料固有的 C—H 结合结构制约，一般每千米可达几十分贝。为了降低损耗正在开发应用氟素系列塑料。由于塑料光纤的纤芯直径为 $1000\mu m$，比单模石英光纤大 100 倍，接续简单，而且易于弯曲施工容易。近年来，加上宽带化的进度，作为渐变型（GI）折射率的多模塑料光纤的发展受到了社会的重视。最近，在汽车内部 LAN 中应用较快，未来在家庭 LAN 中也可能得到应用。

（7）单模光纤。单模光纤是指在工作波长中，只能传输一个传播模式的光纤（简称 SMF）。单模光纤是在有线电视和光通信中应用最广泛的光纤。由于光纤的纤芯很细（约 $10\mu m$）而且折射率呈阶跃状分布，当归一化频率参数 $V<2.4$ 时，理论上，只能形成单模传输。另外，SMF 没有多模色散，不仅传输频带较多模光纤更宽，再加上 SMF 的材料色散和结构色散的相加抵消，其合成特性恰好形成零色散的特性，使传输频带更加拓宽。SMF 中，因掺杂物不同与制造方式的差别有许多类型，例如：凹陷型包层

光纤，其包层形成两重结构，邻近纤芯的包层，较外包层的折射率还低。

（8）多模光纤。多模光纤将光纤按工作波长以其传播可能的模式为多个模式的光纤称作多模光纤（简称 MMF）。纤芯直径为 $50\mu m$，由于传输模式可达几百个，与 SMF 相比传输带宽主要受模式色散支配。在历史上曾用于有线电视和通信系统的短距离传输，但自从出现 SMF 光纤后，MMF 逐渐被 SMF 光纤代替，但实际上，由于 MMF 较 SMF 的芯径大且与 LED 等光源结合容易，在众多 LAN 中更有优势。所以，在短距离通信领域中 MMF 仍在重新受到重视。MMF 按折射率分布进行分类时，有：渐变（GI）型和阶跃（SI）型两种。GI 型的折射率以纤芯中心为最高，沿向包层徐徐降低；而 SI 型光波在光纤中的反射前进过程中，产生各个光路径的时差，致使射出光波失真，色激较大。其结果是传输带宽变窄。因此，目前 SI 型 MMF 应用较少。

（9）色散位移光纤。单模光纤的工作波长在 $1.3\mu m$ 时，其传输损耗约 $0.3dB/km$，此时，零色散波长恰好在 1.3pm 处。石英光纤中，从原材料上看 $1.55\mu m$ 段的传输损耗最小（约 $0.2dB/km$）。由于现在已经应用的掺铒光纤放大器（EDFA）是工作在 $1.55\mu m$ 波段的，如果在此波段也能实现零色散，就更有利于应用 1.55pm 波段的长距离传输。于是，巧妙地利用光纤材料中的石英材料色散与纤芯结构色散的合成抵消特性，就可使原在 $1.3\mu m$ 段的零色散，移位到 $1.55\mu m$ 段也构成零色散。因此，被命名为色散位移光纤（简称 DSF）。加大结构色散的方法，主要是在纤芯的折射率分布性能进行改善。在光通信的长距离传输中，光纤色散为零是重要的，但不是唯一的，还需有损耗小、接续容易、成缆化或工作中的特性变化小（包括弯曲、拉伸和环境变化影响）的优点，设计DSF 时需综合考虑这些因素。

（10）色散平坦光纤。色散移位光纤（DSF）是将单模光纤设计零色散位于 $1.55\mu m$ 波段的光纤。而色散平坦光纤（简称 DFF）却是将从 $1.3\mu m$ 到 $1.55\mu m$ 的较宽波段的色散，做到几乎达到零色散的光纤。由于 DFF 要达到 $1.3\sim1.55\mu m$ 范围波段达到零色散，就需要对光纤的折射率分布进行复杂的设计，不过这种光纤对于波分复用（WDM）的线路却是很适宜的。DFF 光纤的工艺比较复杂，费用较贵。

（11）色散补偿光纤。对于采用单模光纤的干线系统，多数是利用 $1.3\mu m$ 波段色散为零的光纤构成的。可是，现在损耗最小的 $1.55\mu m$ 波长，由于 EDFA 的实用化，如果能在 $1.3\mu m$ 零色散的光纤上也能令 $1.55\mu m$ 波长工作，将是非常有益的。因为，在 $1.3\mu m$ 零色散的光纤中，$1.55\mu m$ 波段的色散约有 $16ps/km/nm$ 之多。如果在此光纤线路中，插入一段与此色散符号相反的光纤，就可使整个光线路的色散为零。为此目的所用的是光纤则称作色散补偿光纤（DCF）。DCF 与标准的 $1.3\mu m$ 零色散光纤相比，纤芯直径更细，而且折射率差也较大。DCF 也是 WDM 光线路的重要组成部分。

(12) 偏振保持光纤。在光纤中传播的光波，因为具有电磁波的性质，所以，除了基本的光波单一模式之外，实质上还存在着电磁场（TE、TM）分布的两个正交模式。通常，由于光纤截面的结构是圆对称的，这两个偏振模式的传播常数相等，两束偏振光互不干涉，但实际上，光纤不是完全圆对称，例如有着弯曲部分，就会出现两个偏振模式之间的结合因素，在光轴上呈不规则分布。偏振光的这种变化造成的色散，称之偏振模式色散（简称 PMD）。对于现在以分配图像为主的有线电视，影响尚不太大，但对于一些未来超宽带有特殊要求的业务，如：①相干通信中采用外差检波，要求光波偏振更稳定时；②光机器等对输入输出特性要求与偏振相关时；③在制作偏振保持光耦合器和偏振器或去偏振器等时；④制作利用光干涉的光纤敏感器等。

凡要求偏振波保持恒定的情况下，对光纤经过改进使偏振状态不变的光纤称作偏振保持光纤（简称 PMF），或称其为固定偏振光纤。

(13) 双折射光纤。双折射光纤是指在单模光纤中，可以传输相互正交的两个固有偏振模式的光纤。折射率随偏振方向变异的现象称为双折射。它又称作 PANDA 光纤，即偏振保持与吸收减少光纤。它是在纤芯的横向两则，设置热膨胀系数大、截面是圆形的玻璃部分。在高温的光纤拉丝过程中，这些部分收缩，其结果在纤芯 y 方向产生拉伸，同时又在 x 方向呈现压缩应力。致使纤材出现光弹性效应，使折射率在 x 方向和 y 方向出现差异。依此原理达到偏振保持恒定的效果。

(14) 抗恶环境光纤。通信用光纤通常的工作环境温度可在 $-40\sim+60℃$ 之间，设计时也是以不受大量辐射线照射为前提的。相比之下，对于更低温或更高温以及能在遭受高压或外力影响、辐射线暴晒的恶劣环境下，也能工作的光纤则称作抗恶环境光纤（简称 HCRF）。一般为了对光纤表面进行机械保护，多涂覆一层塑料。可是随着温度升高，塑料保护功能有所下降，致使使用温度也有所限制。如果改用抗热性塑料，如聚四氟乙烯等树脂，即可工作在 300℃ 环境。也有在石英玻璃表面涂覆镍（Ni）和铝（Al）等金属的。这种光纤则称为耐热光纤（简称 HRF）。另外，当光纤受到辐射线的照射时，光损耗会增加。这是因为石英玻璃遇到辐射线照射时，玻璃中会出现结构缺陷（也称作色心），尤在 $0.4\sim0.7\mu m$ 波长时损耗增大。防止办法是改用掺杂 OH 或 F 素的石英玻璃，就能抑制因辐射线造成的损耗缺陷。这种光纤则称作抗辐射光纤（简称 RRF），多用于核发电站的监测用光纤维镜等。

(15) 密封涂层光纤。为了保持光纤的机械强度和损耗的长时间稳定，而在玻璃表面涂装碳化硅（SiC）、碳化钛（TiC）、碳（C）等无机材料，用来防止从外部来的水和氢的扩散所制造的光纤（简称 HCF）。目前，通用的是在化学气相沉积（CVD）法生产过程中，用碳层高速堆积来实现充分密封效应，这种碳涂覆光纤（CCF）能有效地截断光纤与外界氢分子的侵入，据报道它在室温的氢气环境中可维持 20 年不增加损耗。当然，它在防止水分侵入，延缓机械强度的疲劳进程中，其疲劳系数可达 200 以上，所以，HCF 被应用于严酷环境中要求可靠性高的系统，例如海底光缆就是一例。

（16）碳涂层光纤。在石英光纤的表面涂敷碳膜的光纤，称之为碳涂层光纤（简称 CCF）。其机理是利用碳素的致密膜层，使光纤表面与外界隔离，以改善光纤的机械疲劳损耗和氢分子的损耗增加，CCF 是密封涂层光纤（HCF）的一种。

（17）金属涂层光纤。金属涂层光纤（简称 MCF）是在光纤的表面涂布 Ni、Cu、Al 等金属层的光纤。也有再在金属层外被覆塑料的，目的在于提高抗热性和可供通电及焊接。它是抗恶环境性光纤之一，也可作为电子电路的部件用。早期产品是在拉丝过程中，涂布熔解的金属制成的。由于此法因受玻璃与金属的膨胀系数差异影响太大，会增加微小弯曲损耗，实用化率不高。近期，由于在玻璃光纤的表面采用低损耗的非电解镀膜法的成功，使性能大有改善。

（18）掺稀土光纤。在光纤的纤芯中，掺杂如铒（Er）、钕（Nd）、镨（Pr）等稀土族元素的光纤。1985 年英国的索斯安普顿大学的佩思（Payne）等首先发现掺杂稀土元素的光纤有激光振荡和光放大的现象。从此揭开了掺铒等光放大的面纱，现在已经实用的 $1.55\mu m$ EDFA 就是利用掺铒的单模光纤，用 $1.47\mu m$ 的激光进行激励，得到 $1.55\mu m$ 光信号放大的。另外，掺镨的氟化物光纤放大器（PDFA）正在开发中。

（19）拉曼光纤。拉曼效应是指当光通过介质时，由于光的散射可以观察到光的频率发生变化，位相也发生无规则变化的现象。它是物质的分子运动与格子运动之间的能量交换所产生的，当物质吸收能量时，光的振动数变小，对此散射光称斯托克斯（stokes）线；反之，从物质得到能量，而振动数变大的散射光，则称反斯托克斯线。于是振动数的偏差 FR，反映了能级，可显示物质中固有的数值。利用这种非线性媒体做成的光纤，称作拉曼光纤（简称 RF）。为了将光封闭在细小的纤芯中，进行长距离传播，就会出现光与物质的相互作用效应，能使信号波形不畸变，实现长距离传输。当输入光增强时，就会获得相干的感应散射光。应用感应拉曼散射光的设备有喇曼光纤激光器，可供作分光测量电源和光纤色散测试用电源。另外，感应拉曼散射，在光纤的长距离通信中，正在研讨作为光放大器的应用。

（20）偏心光纤。标准光纤的纤芯是设置在包层中心的，纤芯与包层的截面形状为同心圆型。但因用途不同，也有将纤芯位置和纤芯形状、包层形状，做成不同状态或将包层穿孔形成异型结构的。相对于标准光纤，称这些光纤叫异型光纤。偏心光纤（简称 ECF），是异型光纤的一种。其纤芯设置在偏离中心且接近包层外线的偏心位置。由于纤芯靠近外表，部分光场会溢出包层传播。利用这一现象，就可检测有无附着物质以及折射率的变化。偏心光纤（ECF）主要用作检测物质的光纤敏感器。与光时域反射计（OTDR）的测试法组合一起，还可作分布敏感器用。

（21）发光光纤。采用含有荧光物质制造的光纤。它是在受到辐射线、紫外线等光波照射时，产生的荧光一部分，可经光纤闭合进行传输的光纤。发光光纤（简称 LF）可以用于检测辐射线和紫外线，以及进行波长变换，或用作温度敏感器、化学敏感器。在辐射线的检测中也称作闪光光纤（简称 SF）。发光光纤从荧光材料和掺杂的角度上，正在开发塑料光纤。

（22）多芯光纤。通常的光纤是由一个纤芯区和围绕它的包层区构成的。但多芯光纤（简称 MCF）却是一个共同的包层区中存在多个纤芯的。由于纤芯的相互接近程度不同，可有两种功能：其一是纤芯间隔大，即不产生光耦合的结构。这种光纤，由于能提高传输线路的单位面积的集成密度。在光通信中，可以制成具有多个纤芯的带状光缆，而在非通信领域，作为光纤传像束，有将纤芯制成成千上万个的；其二是使纤芯之间的距离靠近，能产生光波耦合作用。利用此原理正在开发双纤芯的敏感器或光回路器件。

（23）空心光纤。将光纤制成空心，形成圆筒状空间，用于光传输的光纤，称作空心光纤（简称 HF），空心光纤主要用于能量传送，可供 X 射线、紫外线和远红外线光能传输。空心光纤结构有两种：一是将玻璃制成圆筒状，其纤芯与包层原理与阶跃型相同，利用光在空气与玻璃之间的全反射传播，由于光的大部分可在无损耗的空气中传播，具有一定距离的传播功能。二是使圆筒内的反射率损耗减少。例如：可以将工作波长 10060nm 损耗降低到几 dB/m 的。

（24）高分子光导。按材质分为无机光导纤维和高分子光导纤维，目前在工业上大量应用的是前者。无机光导纤维材料又分为单组分和多组分两类，单组分即石英，主要原料为四氯化硅、三氯氧磷和三溴化硼等，其纯度要求铜、铁、钴、镍、锰、铬、钒等过渡金属离子杂质含量低于 10ppb。除此之外，OH-离子要求低于 10ppb。高分子光导纤维是以透明聚合物制得的光导纤维，由纤维芯材和包皮鞘材组成，芯材为高纯度高透光性的聚甲基丙烯酸甲酯或聚苯乙烯抽丝制得的纤维，外层为含氟聚合物或有机硅聚合物等。

高分子光导纤维的光损耗较高，1982 年，日本电信电报公司利用氘化甲基丙烯酸甲酯聚合抽丝作芯材，光损耗率降低到 20dB/km。但高分子光导纤维的特点是能制大尺寸，大数值孔径的光导纤维，光源耦合效率高，挠曲性好，微弯曲不影响导光能力，配列、黏接容易，便于使用，成本低廉。但光损耗大，只能短距离应用。光损耗在 10～100dB/km 的光导纤维，可传输几百米。

（25）保偏光纤。保偏光纤传输线偏振光，广泛用于航天、航空、航海、工业制造技术及通信等国民经济的各个领域。在以光学相关检测为基础的干涉型光纤传感器中，使用保偏光纤能够保证线偏振方向不变，提高相关信噪比，以实现对物理量的高精度测量。保偏光纤作为一种特种光纤，主要应用于光纤陀螺，光纤水听器等传感器和 DWDM、EDFA 等光纤通信系统。由于光纤陀螺及光纤水听器等可用于军用惯导和声呐，属于新型科技产品，而保偏光纤又是其核心部件，因而保偏光纤一直被西方发达国家列入对我禁运的清单。保偏光纤在拉制过程中，由于光纤内部产生的结构缺陷会造成保偏性能的下降，即当线偏振光沿光纤的一个特征轴传输时，部分光信号会耦合进入另一个与之垂直的特征轴，最终造成出射偏振光信号偏振消光比的下降。这种缺陷就是影响光纤内的双折射效应。保偏光纤中，双折射效应越强，波长越短，保持传输光偏振态越好。

2. 通信电缆

通信电缆是传输电话、电报、传真文件、电视和广播节目、数据和其他电信号的电缆，它主要用于传输音频、150kHz 及以下的模拟信号和 2048kbit/s 及以下的数字信号。在一定条件下，也可用于传输 2048kbit/s 以上的数字信号。适用于市内、近郊及局部地区架空或管道敷设线路中，也可直埋。通信电缆一般由导体、绝缘、屏蔽、护套和铠装等部分组成，由多根互相绝缘的导线或导体构成缆芯，外部具有密封护套的通信线路，有的在护套外面还装有外护层，一般的通信电缆导体主要用铜、铝等金属，它们具有很高的电导率。有时也采用合金或对金属进行一定的表面处理，以增加强度，改善导电性能。绝缘材料具有高电阻率，用以隔离相邻导体，防止导体间发生接触的材料，表 1-1 列出通信电缆的型号、材料和用途。

根据通信电缆按照敷设和运行条件、传输的频谱、电缆芯线的结构、绝缘材料和护层的结构分类，可分为：

（1）按敷设和运行条件可分为：架空电缆、直埋电缆、管道电缆及水底电缆等。

（2）按传输的频谱可分为：低频电缆（10kHz 以下）和高频电缆（12kHz 以上）。

（3）根据电缆芯线结构可分为：对称电缆和不对称电缆两类。对称电缆是指构成通信回路的两根导线对地分布相同，不对称电缆是指构成通信回路的两根导线对地分布不相同。

（4）根据电缆的绝缘材料和绝缘结构分为：实心聚乙烯电缆、泡沫聚乙烯电缆、泡沫/实心聚乙烯电缆和聚乙烯垫片电缆。

（5）根据护层的种类分为：塑套电缆、钢丝钢带铠装电缆、组合护套电缆。

表 1-1 通信电缆的型号和用途

序号	型号	名称	用途
1	HYA	铜芯实心聚烯烃绝缘挡潮层聚乙烯护套通信电缆	市内通信
2	HYAT	铜芯实心聚烯烃绝缘填充式挡潮层聚乙烯护套通信电缆	市内通信
3	HYAC	铜芯实心聚烯烃绝缘自承式挡潮层聚乙烯护套通信电缆	市内通信
4	HYA53	铜芯实心聚烯烃绝缘挡潮层聚乙烯护套钢塑带铠装聚乙烯护套电缆通信电缆	市内通信
5	HYAT53	铜芯实心聚烯烃绝缘填充式挡潮层聚乙烯护套钢塑带铠装聚乙烯护套通信电缆	市内通信
6	HYA22	铜芯实心聚烯烃绝缘挡潮层聚乙烯护套钢带铠装聚氯乙烯护套通信电缆	市内通信
7	HYA23	铜芯实心聚烯烃绝缘挡潮层聚乙烯护套钢带铠装聚乙烯护套通信电缆	市内通信
8	HYAT22	铜芯实心聚烯烃绝缘填充式挡潮层聚乙烯护套钢带铠装聚氯乙烯护套通信电缆	市内通信
9	HYAT23	铜芯实心聚烯烃绝缘填充式挡潮层聚乙烯护套钢带铠装聚乙烯护套通信电缆	市内通信
10	MHYV	煤矿用聚乙烯绝缘聚氯乙烯护套通信电缆	平巷、斜巷及机电硐室
11	MHJYV	煤矿用加强型线芯聚乙烯绝缘聚氯乙烯护套通信电缆	机械损伤较高的平巷和斜巷
12	MHYBV	煤矿用聚乙烯绝缘镀锌钢丝编织铠装聚氯乙烯护套通信电缆	机械冲击较高的场合作主信号传输
13	MHYAV	煤矿用聚乙烯绝缘铝-聚乙烯粘结护层聚氯乙烯护套通信电缆	较潮湿的斜井和斜巷
14	MHYA32	煤矿用聚乙烯绝缘铝-聚乙烯粘结护层钢丝铠装聚氯乙烯护套通信电缆	竖井或斜井
15	MHYVR	煤矿用聚乙烯绝缘聚氯乙烯护套通信软电缆	矿场作普通信号传输，可移动使用
16	MHYVP	煤矿用聚乙烯绝缘编织聚氯乙烯护套通信电缆	电场干扰较大的场所作信号传输，适用于固定敷设
17	MHYVRP	煤矿用聚乙烯绝缘编织聚氯乙烯护套通信软电缆	电场干扰较大的场所作信号传输，电缆较柔软
18	MHY32	煤矿用聚乙烯绝缘钢丝铠装聚氯乙烯护套通信电缆	平巷、竖井或斜井作主信号传输

全塑通信电缆是指芯线绝缘层、缆芯包带层和护套层均采用高分子聚合物制成的，属于宽频带对称电缆，具有电气性能优良、传输质量好、重量轻、运输和施工方便、抗腐蚀、故障少、造价低和寿命长的优点，因此使用广泛。其芯线绝缘形式如图 1-3 所示。

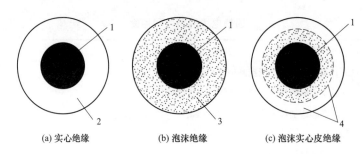

(a) 实心绝缘　　　　　(b) 泡沫绝缘　　　　　(c) 泡沫实心皮绝缘

图 1-3　全塑电缆芯线绝缘形式

1—金属导线；2—实心聚烯烃绝缘层；3—泡沫聚烯烃绝缘层；4—泡沫/实心皮聚烯烃绝缘层

通信电缆的主要性能指标：①直流电阻：20℃，0.4mm 的铜线直流电阻≤148Ω/km，0.5mm 的铜线直流电阻≤95Ω/km；②绝缘强度：导体之间 1min、1kV 不击穿，导体与屏蔽之间 1min、3kV 不击穿；③绝缘电阻：HYA 电缆大于 10000MΩ·km，HYAT 电缆大于 3000MΩ·km；④工作电容：522nF/km；⑤远端串音防卫度：150kHz 时指定组合的工作平均值大于 69dB/km。

1.1.3　电磁线(绕组线)

1. 电磁线分类

电磁线是一种具有绝缘层的金属电线，其主要用于绕制电工产品及仪器仪表的线圈或绕组，又称绕组线。其作用是通过电流产生磁场或切割磁力线产生电流，以实现电能转换。电磁线用以制造电工产品中的线圈或绕组的绝缘电线。又称绕组线。电磁线必须满足多种使用和制造工艺上的要求。前者包括其形状、规格、能短时和长期在高温下工作，以及承受某些场合中的强烈振动和高速下的离心力，高电压下的耐受电晕和击穿，特殊气氛下的耐化学腐蚀等；后者包括绕制和嵌线时经受拉伸、弯曲和磨损的要求，以及浸渍和烘干过程中的溶胀、侵蚀作用等。

电磁线可以按其基本组成、导电线心和电绝缘层分类。通常根据电绝缘层所用的绝缘材料和制造方式分为漆包线、绕包线、漆包绕包线和无机绝缘线。

漆包线在导体外涂以相应的漆溶液，再经溶剂挥发和漆膜固化、冷却而制成。漆包线按其所用的绝缘漆可以分成聚酯漆包线、聚酯亚胺漆包线、聚酰胺亚胺漆包线、聚酰亚胺漆包线、聚酯亚胺/聚酰胺酰亚胺漆包线、耐电晕漆包线，以及油性漆、缩醛漆、聚氨酯漆包线等。有时也按其用途的特殊性分类，如自粘性漆包线、耐冷冻剂漆包线等。

最早的漆包线是油性漆包线，由桐油等制成。其漆膜耐磨性差，不能直接用于制造电机线圈和绕组，使用时需加棉纱包绕层。后来聚乙烯醇缩甲醛漆包线问世，其机械性能大为提高，可以直接用于电机绕组，而称为高强度漆包线。

　　随着弱电技术的发展又出现了具有自粘性漆包线，可以不用浸渍、烘焙而获得整体性较好的线圈。但其机械强度较差，仅能在微特电机、小电机中使用。此外，为了避免焊接时先行去除漆膜的麻烦，发展了直焊性漆包线，其涂膜能在高温搪锡槽中自行脱落而使铜线容易焊接。

　　由于漆包线的应用日益广泛，要求日趋严格，还发展了复合型漆包线。其内、外层漆膜由不同的高分子材料组成，例如聚酯亚胺/聚酰胺酰亚胺漆包线。绕包线是绕组线中的一个重要品种。早期用棉纱和丝，称为纱包线和丝包线，曾用于电机、电器中。由于绝缘厚度大，耐热性低，多数已被漆包线所代替。目前仅用作高频绕组线。在大、中型规格的绕组线中，当耐热等级较高而机械强度较大时，也采用玻璃丝包线，而在制造时配以适当的胶粘漆。

　　在绕包线中纸包线仍占有相当地位，主要用于油浸变压器中。这时形成的油纸绝缘具有优异的介电性能，且价格低廉，寿命长。纸包线是由无氧铜杆或电工圆铝杆经一定规格的模具挤压或拉拔后退火处理的导线，再在铜（铝）导体上绕包两层或两层以上绝缘纸（包括电话纸、电缆纸、高压电缆纸、匝间绝缘纸等）的绕组线，适用于油浸式变压器线圈及其他类似电器绕组用线。NOMEX 纸包线是由无氧铜杆或电工圆铝杆经一定规格的模具挤压的导线，再由美国杜邦公司生产的 NOMEX 绝缘纸绕包而成的绕组线，主要用于变压器，电焊机，电磁铁或其他类似电器设备产品绕组。经挤压工艺生产的电工裸铜（铝）导线是生产电缆纸包线最理想的材料。

　　近年来发展比较迅速的是薄膜绕包线，主要有聚酯薄膜和聚酰亚胺薄膜绕包线。

　　近来还有用于风力发电的云母带包聚酯亚胺薄膜绕包铜扁线。无机绝缘线当耐热等级要求超出有机材料的限度时，通常采用无机绝缘漆涂敷。现有的无机绝缘线可进一步分为玻璃膜线、氧化膜线和陶瓷线，还有组合导线、换位导线等。

　　电机绕组用的无机绝缘线主要有氧化膜铝线。它是用阳极氧化法在铝线表面生成一层致密的三氧化二铝膜。具有绝缘层薄、耐热性好、耐辐射等优点；但氧化膜具有多孔性，因此击穿电压低；同时耐弯曲性能、耐刮性和耐酸、耐碱性亦较差。

　　特种电磁线具有适用于特殊环境的绝缘结构和性能。例如潜水电机绕组用的聚氯乙烯绝缘电磁线和聚乙烯绝缘尼龙护套电磁线。前者耐水性能较好，但槽空间利用率低；绕制线圈时易损伤绝缘层，用于一般潜水电机。后者具有耐水性能良好，护套机械强度高，但槽空间利用率低，常用于充水式潜水电机。

　　电磁线广泛应用于电力、机电、电气设备、家用电器、电子、通信和交通等领域，直接服务对象是变压器、电抗器、继电器、电机电器等产品。

2. 电磁线的结构和型号

电磁线的结构如图1-4所示，包括中间的导体，外层的绝缘材料层。

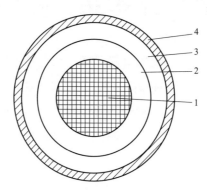

1—导体；2—无机聚合物层；3—玻璃带层；
4—聚萘二甲酸乙二醇酯薄膜

图1-4 电磁线的结构

电磁线型号由绝缘层、导体、派生采用材料进行型号编制，详见表1-2。

表1-2 电磁线型号含义

绝缘层				导体		派生
绝缘漆	绝缘纤维	其他绝缘层	绝缘特征	导体材料	导体特征	
Q 油性漆	M 棉纱	V 聚乙烯	B 编织	L 铝线	B 扁线	−1 薄层
QA 聚氨酯漆	SB 玻璃丝	YM 氧化膜	C 醇酸胶粘漆浸渍	TWC 无磁性铜	D 带箔	−2 厚漆
QG 硅有机漆	SR 人造丝		E 双层		J 绞制	
QH 环氧漆	ST 天然丝		G 硅有机粘漆浸渍		R 柔软	
QQ 缩醛漆	Z 纸		J 加厚			
QXY 聚酰胺酰亚胺漆			N 自粘性			
QY 聚酰亚胺漆			F 耐致冷性			
QZ 聚酯漆			S 彩色			
QZY 聚酯酰亚胺漆			S 三层			

举例：QZL-1表示聚酯漆，铝线，薄层，即薄漆层聚酯漆包铝层。

3. 电磁线生产工艺和应用

电磁线的生产工艺包括以下8个步骤：

（1）漆料配制。根据各种电磁线绝缘程度的不同，将一定比例的漆料与稀释剂充分混合均匀加入到漆包机中。

（2）拉丝。拉丝在拉丝机中进行，根据需要的线径分一次拉制或多次拉制而成。拉制中温度一般可达 60～100℃，采用水溶性润滑剂进行润滑和冷却，当温度超过 100℃ 时，进行补冷、排热。

（3）水洗。水洗是由经过盐酸和火碱净化的水，用高压水流冲洗电磁线，以清除其表面的油污。

（4）退火。退火一般采用电加热的方式在退火炉中进行，退火温度一般控制在 300～600℃，退火时采用水蒸气进行保护以防止氧化。退火后利用吹风机进行风冷，至 40℃ 左右进入浸渍工段。

（5）浸渍。浸渍工段在漆包机中进行，根据绝缘层的要求多次完成。浸渍时根据涂层的需要加入适当比例的稀释剂。稀释剂中含有甲酚、二甲苯等易燃有毒液体。

（6）干燥电磁线的干燥在烘干炉中进行，烘干温度根据拉丝的速度而定，一般为 300～400℃。最高可达 670℃。干燥与排除废气同步进行，排除的废气（温度为 300～ 400℃）中含有甲酚、苯酚、二甲苯等有毒易燃蒸气，经催化反应达到环保指标后由排废风机排入大气。

（7）收线。收线是利用收线装置将干燥后的电磁线成品缠绕在线盘上。收线时需加入少量润滑剂（974 汽油、环己烷）。

（8）包装。入库检验合格后，将绕制好的线盘外包塑料薄膜装入纸箱或纸筒内，根据用户需要包装成线拖，并装卸至专用仓库内。

电磁线的用途可分为两种：①一般用途，主要用于电机、电器、仪表、变压器等，通过绕制线圈产生电磁效应，利用电磁感应原理实现电能与磁能转换的目的；②特殊用途，应用于电子元器件、新能源汽车等具有特殊特性要求的领域，如微细电子线材主要用于电子、信息行业实现信息的传输，新能源汽车专用线材主要用于新能源汽车的生产制造。

1.1.4　电气装备用电线电缆

1. 分类

从电力系统配电点将电源输送到各种用电设备、器具的电源连接线路用的电线电缆，以及各种工、农、企业所有装备用的电气安装线、控制信号用的电线电缆均属于电气装备用电线电缆。电气装备用电线电缆主要特征是：品种规格繁多，应用范围广泛，使用电压在 1kV 及以下较多。主要分类如下：

（1）低压配电电线电缆。主要指固定或移动的供电电线电缆，如：通用的橡皮或塑料绝缘电线、橡皮或塑料软线，屏蔽绝缘电线、橡套软电缆。

（2）信号及控制电缆。控制中心与系统间传递信号或者控制作用的电线电缆。如：

各种绝缘材料和护套组成的控制电缆、低烟无卤型电子计算机控制电缆。

（3）仪表和设备的连接线。仪器、设备内部安装线和外部的连接线。如：核电站用 IE 级 K3 类仪表安装接线电缆、水利工程观测用的信号和动力设备用的软电缆、阻燃型的仪表用电线电缆。

（4）交通运输工具电线电缆。主要指汽车、火车、轮船、飞机等配套用的电线电缆。如：车辆用绝缘电线、航空电线、轮船用电缆、电梯电缆。

（5）地质开采勘察电线电缆。主要指煤、油田等探测开采用电线电缆。如：石油平台电缆、地质勘探用电缆、煤矿用阻燃电缆等。

（6）直流高压电缆。主要指 X 光机、静电设备配套用的电线电缆。如：摄影光源电缆、高压电炉用电缆、电子显微镜用高压电缆。

（7）特种电线电缆。主要指耐高温、防火、核电站用电缆。如核电站用电缆、氟塑料或硅橡胶材料的耐高温电缆、矿物绝缘电缆、热电偶用电线电缆、高温传感器用电缆。

（8）加热电缆。主要指生活取暖、植物栽培、管道保温等用的电缆。如自控温加热电缆、矿物绝缘加热电缆。

2. 型号

电气装备用电线电缆主要由类别、用途代号、导体代号、绝缘层代号、护层代号、特征代号、铠装层代号和外护层代号七部分组成。主要由以下七部分组成，各部分的代号如下：

（1）绝缘种类：V 代表聚氯乙烯；X 代表橡胶；Y 代表聚乙烯；YJ 代表交联聚乙烯；Z 代表纸。

（2）导体材料：L 代表铝；T（省略）代表铜。

（3）内护层：V 代表聚氯乙烯护套；Y 代表聚乙烯护套；L 代表铝护套；Q 代表铅护套；H 代表橡胶护套；F 代表氯丁橡胶护套。

（4）特征：D 代表不滴流；F 代表分相；CY 代表充油；P 代表贫油干绝缘；P 代表屏蔽；Z 代表直流。

（5）铠装层：0 代表无；2 代表双钢带；3 代表细钢丝；4 代表粗钢丝。

（6）外被层：0 代表无；1 代表纤维外被；2 代表聚氯乙烯护套；3 代表聚乙烯护套。

（7）阻燃电缆在代号前加 ZR；耐火电缆在代号前加 NH；防火电缆在代号前加 DH。

例如：NH-VV22 代表的是聚氯乙烯绝缘和护套钢带铠装耐火电缆。

充油电缆型号由产品系列代号和电缆结构各部分代号组成。自容式充油电缆产品系列代号 CY。外护套结构从里到外用加强层、铠装层、外被层的代号组合表示。绝缘种类、导体材料、内护层代号及各代号的排列次序以及产品的表示方法与 35kV 及以下电力电缆相同。如 CYZQ102 220/1×4 表示铜芯、纸绝缘、铅护套、铜带径向加强、无铠装、聚氯乙烯护套、额定电压 220kV、单芯、标称截面积 400mm² 的自容式充油电缆。

充油电缆外护层代号含义为：①加强层：1 代表铜带径向加强；2 代表不锈钢带径向加强；3 代表钢带径向加强；4 代表不锈钢带径向、窄不锈钢带纵向加强；②铠装层：0 代表无铠装；2 代表钢带铠装；4 代表粗钢丝铠装；③外被层：1 代表纤维层；2 代表聚氯乙烯护套；3 代表聚乙烯护套。

1.1.5 用途

不同型号的电气装备用的电线电缆适用于不同环境，表 1-3 列举几种电缆的用途。

表 1-3　　　　　　　　　　　　不同型号电缆的用途

型号/铜芯	名称	用途
NA-YJV/NB-YJV	交联聚乙烯绝缘聚氯乙烯护套 A（B）类耐火电力电缆	可敷设在对耐火有要求的室内、隧道及管道中
NA-YJV22/NB-YJV22	交联聚乙烯绝缘钢带铠装聚氯乙烯护套 A（B）类耐火电力电缆	适宜对耐火有要求时埋地敷设，不适宜管道内敷设
NA-VV/NB-VV	聚氯乙烯绝缘聚氯乙烯护套	可敷设在对耐火有要求的室内、隧道及管道中
NA-VV22/NB-VV22	聚氯乙烯绝缘钢带铠装聚氯乙烯护套 A（B）类耐火电力电缆	适宜对耐火有要求时埋地敷设，不适宜管道内敷设
WDNA-YJY/WDNB-YJY	交联聚乙烯绝缘聚烯烃护套 A（B）类无卤低烟耐火电力电缆	可敷设在对无卤低烟且耐火有要求的室内、隧道及管道中
WDNA-YJY23/WDNB-YJY23	交联聚乙烯绝缘钢带铠装聚烯烃护套 A（B）类无卤低烟耐火电力电缆	适宜对无卤低烟且耐火有要求时埋地敷设，不适宜管道内敷设
NA-YJV/NB-YJV	交联聚乙烯绝缘聚氯乙烯护套 A（B）类耐火电力电缆	可敷设在对耐火有要求的室内、隧道及管道中

1.1.6 电力电缆

1. 电力电缆分类

电力电缆是在电力系统的主干线路中用以传输和分配大功率电能的电缆产品，包括 1～500kV 以及以上各种电压等级、各种绝缘的电力电缆。

电力电缆的基本结构由线芯（导体）、绝缘层、屏蔽层和保护层四部分组成，常用于城市地下电网、发电站引出线路、工矿企业内部供电及过江海水下输电线。它产品种类众多，应用范围十分广泛，涉及到电力、建筑、通信、制造等行业，与国民经济的各个部门都密切相关。

电缆按电压可分为中、低压电力电缆（35kV 及以下）、高压电缆（110kV 以上）、超高压电缆（275～800kV）以及特高压电缆（1000kV 及以上）。此外，还可按电流制分为交流电缆和直流电缆。

按绝缘材料分类：

（1）油浸纸绝缘电力电缆以油浸纸作绝缘的电力电缆。其应用历史最长。它安全可靠，使用寿命长，价格低廉。主要缺点是敷设受落差限制。自从开发出不滴流浸纸绝缘后，解决了落差限制问题，使油浸纸绝缘电缆得以继续广泛应用。

（2）塑料绝缘电力电缆。绝缘层为挤压塑料的电力电缆。常用的塑料有聚氯乙烯、聚乙烯、交联聚乙烯。塑料电缆结构简单，制造加工方便，重量轻，敷设安装方便，不受敷设落差限制。因此广泛应用作中低压电缆，并有取代粘性浸渍油纸电缆的趋势。其最大缺点是存在树枝化击穿现象，这限制了它在更高电压的使用。

（3）橡皮绝缘电力电缆。绝缘层为橡胶加上各种配合剂，经过充分混炼后挤包在导电线芯上，经过加温硫化而成。它柔软，富有弹性，适合于移动频繁、敷设弯曲半径小的场合。

常用作绝缘的胶料有天然胶-丁苯胶混合物，乙丙胶、丁基胶等。

2. 电力电缆的型号

电力电缆型号用字母和数字代号的组合表示。其中以字母表示电缆产品的系列、导体、绝缘、护套、特征及派生代号，以数字表示电缆外护套代号。完整的电缆产品型号还应包括电缆额定电压、芯数、标称截面和标准号。型号从左到右排列分别为：产品系列、绝缘层、导体、护套、特征、外护套、额定电压，各部分的含义如下：

（1）产品系列（绝缘）代号。Z 代表纸绝缘电缆；X 代表橡胶绝缘电缆；V 代表聚氯乙烯绝缘电缆；Y 代表聚乙烯绝缘电缆；YJ 代表交联聚乙烯绝缘电缆；K 代表控制电缆；ZR 代表阻燃电缆 NH 代表耐火电缆；DH 代表防火电缆。

（2）绝缘层代号。Z 代表纸；X 代表橡皮；V 代表聚氯乙烯；Y 代表聚乙烯；YJ 代表交联聚乙烯。

（3）导体代号。L 代表铝；T（可省略）代表铜。

（4）内护套代号。V 代表聚氯乙烯护套；Y 代表聚乙烯护套；L 代表铝护套；Q 代表铅护套；H 代表橡胶护套；F 代表氯丁橡胶护套。

（5）特征代号。D 代表不滴流；F 代表分相；CY 代表充油；P 代表贫油干绝缘；P 代表屏蔽；Z 代表直流。

（6）铠装层代号。0 代表无铠装；2 代表双钢带；3 代表细圆钢丝；4 代表粗圆钢丝；

5代表波纹钢带。

（7）外被层（外护套）代号。0代表无外护套；1代表纤维外护套；2代表聚氯乙烯护套；3代表聚乙烯护套。

（8）加强层代号。1代表径向铜带；2代表径向不锈钢带；3代表径、纵向铜带；4代表径、纵向不锈钢带。

最常用几种电缆的型号：

（1）VV、VLV分别为铜芯、铝芯聚氯乙烯绝缘聚氯乙烯护套电力电缆。

（2）VV22、VLV22分别为铜芯、铝芯聚氯乙烯绝缘双钢带铠装聚氯乙烯护套电力电缆。

（3）YJV22为铜芯交联聚乙烯绝缘双钢带铠装聚氯乙烯护套电力电缆。

（4）KVV为聚氯乙烯绝缘聚氯乙烯护套控制电缆。

3. 电力电缆的结构和性能特点

电力电缆的基本结构由线芯、绝缘层、保护层构成。

电缆线芯。电缆线芯用来导电，分为铜芯、铝芯。线芯截面形状有圆形、半圆形和扇形3种。三芯电缆的每个扇面为120°角。四芯电缆中的3个主要线芯扇面为100°角，而第4个线芯扇面为60°角。

绝缘层。绝缘层将线芯导体与保护层隔离，防止漏电。绝缘层用来承受电压的作用，其工作场强很高，由于绝缘层中不可避免会残留一些气泡，这些气泡在强电场的作用下，很容易被电离而产生局部放电，并伴随产生臭氧腐蚀绝缘层，因此要求绝缘层要具有耐电晕性好的特点。目前，110kV及以下的电缆绝缘层材料中，交联聚乙烯占主导地位。

保护层。保护层分为内护层和外护层，是用来保护绝缘层的。保护层的质量直接关系到电缆的使用寿命。位于铠装层和金属护套之间的同心层是保护层。高压电力电的填充物也是保护层。

各类电力电缆的性能特点如下：①交联聚乙烯绝缘电缆有优良的介电性能，但抗电晕、游离放电性能差。②聚乙烯绝缘电缆工艺性能好，易于加工，耐热性差，受热易变形、易延燃，容易发生龟裂。聚氯乙烯绝缘电缆化学稳定性高，具有非燃性，材料来源充足。③电力电缆绝缘性能较高的是油浸纸绝缘电缆。④各种电缆的长期工作温度如下：交联聚乙烯绝缘电缆导体长期允许工作温度为90℃，天然橡胶绝缘电缆的长期允许工作温度为65℃。聚乙烯绝缘电缆的长期允许工作温度为70℃。聚氯乙烯绝缘电缆的长期允许工作温度为65℃。

1.2　电缆的基本性能

电缆的性能要求来自两个方面：一方面使用性能要求，也就是电缆在使用寿命内能够充分发挥使用所需要的性能，另一方面电缆能够满足使用环境、安装敷设过程中要求的技术指标，其主要性能包括：

（1）电性能包括导电性能、绝缘性能和传输性能等。表征导电性能的参数是电阻，电阻越低，导电性越好；表征绝缘性能的参数包括绝缘电阻、介电常数、介质损耗、耐电压特性等。表征传输性能的参数包括高频传输特性、抗干扰特性、电磁兼容性等。

（2）力学性能包括抗拉强度、伸长率、弯曲性、弹性、柔软性、耐疲劳、耐磨、耐冲击等特性。

（3）热性能包括耐热等级、工作温度、电缆的发热和散热特性、载流量、短路和过载能力、合成材料热变形和耐热冲击能力、材料的热膨胀性以及材料在高温条件下工作能够减缓老化速度的性能。

（4）耐腐蚀和耐候性能指耐电化腐蚀、耐生物和细菌侵蚀、耐化学侵蚀（油、酸、碱、化学溶剂）、耐盐雾、耐日光（主要为紫外线）、防霉、防潮等。

（5）耐老化性能指在机械应力、电应力、热应力及其他外在因素的影响下，电缆保持其原有性能的能力。

（6）其他性能指部分材料的性能包括金属材料的硬度、蠕变，高分子相容性或者特殊性能（阻燃、防火、防小动物啃咬、延时传输等）。其中阻燃等级是指电线电缆不容易起火或者着火后火苗扩散缓慢以减少损伤，而耐火性能是指电线电缆在着火情况下能够维持一段时间的运营。防小动物啃咬电缆通过在护套中加入防止小动物啃咬的趋避剂。

对于材料的性能要求，主要从材料的用途、使用条件、环境及其配套的电力设备来决定的。当然在一个产品的各种性能要求中，必然有一些是主要的、起决定性作用的性能，就需要严格要求，如果各种因素之间互相制约的话，就必须进行全面的研究。

1.3　电缆的内部结构

电缆根据导体的股数多少分为单芯电缆和多芯电缆，不管是单芯电缆或多芯电缆整体结构分为导体、绝缘层、屏蔽层、外护套以及填充元件或承拉元件等。例如：YJQOZ220/1×800电缆由内到外分别为：导体、半导电包带、导体屏蔽、绝缘、绝缘屏蔽、纵向阻水层、铅套、沥青、PVC带、PVC护套和半导体涂层。

（1）导线：导线传输电能的主要元件，导线一般采用铜、铝、铜包铝、铜包钢等导电性能优良的材料制成。

（2）绝缘层是指包覆在导线四周起着绝缘性能的构件，确保电流只沿着导线传导而不流向外面，既要保证电缆传输电流的功能，又确保外界物件及人体安全，目前绝缘层的材料为交联聚乙烯。

（3）屏蔽层：是将电缆产品中的电磁场与外界电磁场进行隔离的构件，有的线缆不同线对之间也需要相互隔离，高压电缆的导体屏蔽和绝缘屏蔽是为了均化电场分布，常用材料包括聚酯绕包带、铝箔麦拉带、PTFE 带、半导体纸带等。此外，电缆会加装接地线，其作用是保护电缆发生绝缘击穿或芯线通过较大的故障电流而导致金属护套感应电压造成形成电弧以及金属护套烧穿。

（4）外护层是指产品安装在不同的环境，必须对电缆整体，特别是绝缘层起保护作用，一般由内衬层、铠装层、外被层组成，内衬层位于内护层及铠装层之间，防止内护层在电缆弯曲时被金属护套破坏，铠装层是防止机械压力对电缆的破坏，外被层在铠装层之外，也称绝缘护套，用于防止金属护套被破坏，常用材料为 PE、PVC。

（5）填充层：很多电缆是多芯的，将这些绝缘线缆或线对成缆，一是外形不圆整，二是线芯间有很多空隙，必须在成缆时加入填充层，使电缆的外形相对圆整以便包带或挤护套。

（6）抗拉元件：典型的结构为钢芯铝绞线，光纤光缆等，在要求多次弯曲、扭曲的使用的产品，抗拉元件起主要作用。

部分电缆的内部结构如图 1-5 所示。

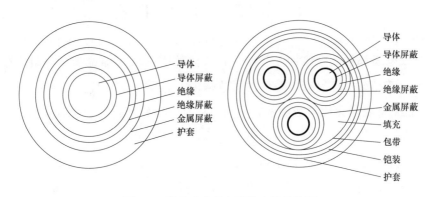

图 1-5 单芯或多芯电缆的内部结构图

根据导体数量分单芯、多芯，导体形状分圆形、半圆形、扇形等，同时根据电缆的不同用途其结构略有所不同，具体如图 1-6～图 1-9 所示。

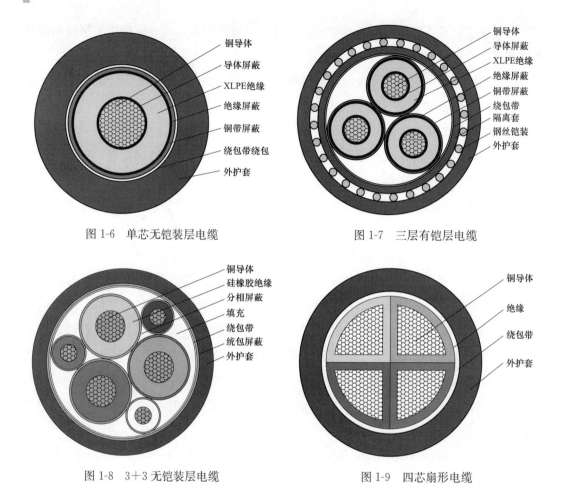

图 1-6 单芯无铠装层电缆　　　　图 1-7 三层有铠层电缆

图 1-8 3＋3 无铠装层电缆　　　　图 1-9 四芯扇形电缆

1.4　电缆的加工工艺

所有电线电缆都是从导体加工开始，在导体外围逐层增加绝缘、屏蔽、布线和护套而制成的。产品结构越复杂，叠加的层数越多。电缆的加工工艺可以用三个字概括：拉-包-绞。拉是将粗的导线拉成细的，是通过模具（压轮）将铜、铝等金属的截面积缩小；包是绕包、挤包、涂包、编包、纵包等多种工艺的总称，用于绝缘层的加工和护套的制作，其中橡胶、塑料可采用挤包工艺，橡皮、皱纹铝带可采用纵包工艺，云母带、玻璃纤维等采用绕包工艺，绝缘漆、沥青等采用涂包工艺，铜丝等采用编包工艺；绞是导线的扭绞和绝缘线芯绞合成缆，保证足够的柔软性。实际的电缆的生产设备和流水线分为拉线、绞线、成缆、挤塑、漆包、编织六大类。以下是各工艺流程的工作内容：

（1）铜铝单丝拉丝。电线电缆中常用的铜铝杆在常温下穿过拉伸模的一个或几个模

22

孔，使截面减小，长度增加，强度提高。拉丝是各电线电缆公司的第一道工序，拉丝的主要工艺参数是模具匹配技术。

（2）单丝退火。铜铝单丝加热到一定温度再结晶，提高单丝韧性，降低单丝强度，以满足电线电缆对导电芯的要求。退火工艺的关键是消除铜线的氧化。

（3）导体绞合。为了提高电线电缆的柔性，便于敷设安装，导电线芯由多根单丝捻合而成。从导电线芯的绞合形式来看，可分为规则绞合和不规则绞合。不规则捻可分为集束捻、同心捻、特殊捻等。

为了减少导线的占用面积和电缆的几何尺寸，导线同时进行绞合和压缩，使普通圆变成半圆、扇形、瓦形和压缩圆，这种导体主要用于电力电缆。

（4）绝缘挤出。塑料电线电缆主要采用挤塑固体绝缘层，塑料绝缘挤塑的主要技术要求：

1）偏心率：挤压保温厚度的偏差值是挤压工艺水平的重要标志，大多数产品结构尺寸及其偏差值在标准中都有明确规定。

2）光滑度：挤塑保温层表面应光滑，不得有表面粗糙、烧焦、有杂质等不良质量问题。

3）致密度：挤出的保温层横截面应致密牢固，无可见针孔和气泡。

（5）电缆成型和填充。对于多芯电缆，为了保证成型程度，减小电缆的形状，一般都要拧成一圈。扭转的机理与导体扭转相似。由于加捻的节径较大，大多数采用无反捻的方法。

电缆成型技术要求：一是避免异形绝缘芯翻转造成电缆扭曲弯曲；二是防止绝缘层被划伤。

大部分电缆都是用另外两种工艺完成的：一种是填充，保证电缆成缆后的圆度和稳定性；另一种是绑扎，确保缆芯不松动。

（6）内保护层。为了保护绝缘线芯不被铠装损坏，有必要适当保护绝缘层。内保护层分为挤压内保护层（隔离套）和包裹内保护层（垫层）。包垫代替捆扎带与电缆成型过程同步。

（7）铠装。地下敷设的电线电缆在工作时可能承受一定的正压，可选用内钢带铠装结构。电线电缆在正压和拉力（如水、立井或落差较大的土壤）下敷设时，应选择内钢丝铠装结构。

（8）外护套挤出成型。外护套是保护电线电缆绝缘层不受环境因素影响的结构部件。外护套的主要作用是提高电线电缆的机械强度，防止化学腐蚀、防潮、防水和浸水，防止电缆燃烧。根据电缆的不同要求，塑料护套由挤出机直接挤出。

（9）成品检验。电缆制造完成后应对成品进行质量检验，常规检验项目包括：外观检查、电气性能测定、机械性能测定等。

不同的型号的电缆生产工艺略有所不同，图 1-10 和图 1-11 为耐火电缆生产工艺。

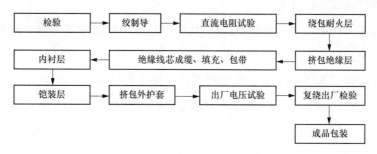

图 1-10　耐火铠装电缆生产流程

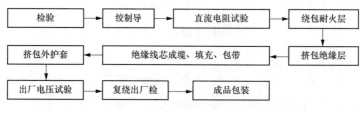

图 1-11　耐火非铠装电缆生产流程

1.5　电缆的敷设、安装

电缆敷设包括布放、安装电缆以形成电缆线路等过程。根据使用场合，可分为架空、地下（管道和直埋）、水底、墙壁和隧道等几种敷设方式。合理选择电缆的敷设方式对保证线路的传输质量、可靠性和施工维护等都是十分重要的。

电缆敷设、安装的工艺步骤如下：

（1）电缆的运输和贮存。电缆盘不应平放运输和平放贮存；在装卸电缆过程中，不应使电缆及电缆盘受到损伤，严禁将电缆盘直接由车上推下；电缆端头应做防潮封头。

（2）电缆敷设前的检查。电缆到货和敷设前应进行检查，检查内容包括：产品的技术文件应齐全；电缆型号、规格、长度应符合设计及订货要求；电缆外观检查应无损伤、绝缘层良好、电缆封端严密；1kV 以下电缆应进行绝缘电阻测试，10kV 高压电缆还应进行耐压和泄漏电流试验。

（3）电缆敷设。

1）电缆敷设前电缆沟已清理完毕，有妨碍的作业已基本完成。

2）电缆敷设前应按设计和实际路径计算出每根电缆的长度，合理安排每盘电缆，尽量减少接头。

3）电缆沿电缆沟敷设前，应防止电缆排列不整齐，交叉严重，须事先将电缆排列好，画出排列图表，按图表进行施工。

4）电缆在终端头、中间头附近，应留出备用长度。

5）电缆敷设采用人工敷设和卷扬机牵引。

6）放电缆时先将电缆盘架设在放线架上，电缆端头从线盘的上端放出。

7）敷设过程中，拉力要均匀，应有人调整放线滑轮以防电缆滑出滑轮，扭结在一起，当电缆较长时，可以选中间为起点，向两头敷设，这时电缆长度一定要测量准确。

8）电缆沿电缆沟敷设时，应单层敷设，并敷设一根整理一根、卡固一根。垂直敷设的电缆每隔 1.5～2m 处应加以固定；水平敷设的电缆，在电缆的首尾两端、转弯处及每隔 5～10m 处进行固定。

9）电缆沟内的电缆应在首端、尾端、转弯及每隔 50m 处，设有编号、型号及起止点等标记。标记应清晰齐全，挂装整齐，无遗漏。

10）电缆与水、气、电视、电话管线交叉时，间距应大于 0.5m，电缆与其他管线交叉时，间距应大于 0.25m。

11）电缆经过建筑物结构，如楼板、墙或防火区时，所有的孔洞应用防火材料堵塞。

12）电缆敷设后和电缆在其他工程尚未完成地段安装时，应采取防护措施，以免电缆受到损坏。

13）电缆敷设完毕后，应及时清理杂物，有盖板的盖好盖板，并进行最后调整。

（4）电缆中间接头及终端头制作安装。热收缩时的热源，尽量用液化气，使用时应将焊枪的火焰调到发黄的柔和的蓝色火焰，避免蓝色尖状火焰。用汽油喷灯加热收缩时，应用高标号烟量少的汽油。禁止使用煤油喷灯作热源；在收缩时火焰应不停地移动，避免烧焦管材；火焰应沿电缆周围烘烤，而且火焰应朝向热缩的方向以预热管材；只有在加热部分充分收缩后才能将火焰向预热方向移动；收缩后的管子表面，应光滑、无皱纹、无气泡，并能清晰地看到内部结构轮廓；较大的电缆金属器件，在热缩前应预先加热，以保证有良好的粘接；应除去和清洗所有将与粘接部分接触表面上的油。

（5）电缆标识。

1）在用电设备上应加标识，以指明动力和照明线路引出的盘和线路编号。

2）信号和控制线编号应在所有柜、端子箱、设备架、控制盘和操作台上标识。

3）室内电缆应加标签和带电缆号的永久标记并固定到电缆的所有端子端和拉线盒上。

4）高压馈电电缆应加带状塑料缠绕标签并贴馈电电缆号。

5）缆线标记应安装于配电盘、接线盒的每条缆线上，缆线标记应是无卤的，标记上的缆线号应和图纸上的要求相同。

图 1-12 为整个敷设安装的流程图。

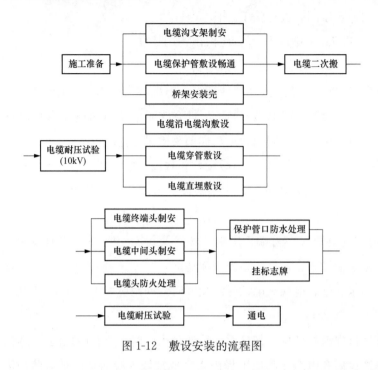

图 1-12　敷设安装的流程图

1.6　小　　结

本章重点介绍了电缆的分类、内部结构、型号编制规则、加工工艺、性能特点、敷设安装工艺等，总结如下：

（1）电缆根据用途分为 5 大类，分别应用于不同的领域。

（2）电缆的内部结构基本上由导体、绝缘层、屏蔽层、护套层、填充材料等组成，其中外护套层起着防止机械损伤和绝缘等作用。

（3）电缆的型号编制规则基本上按照内部结构各分层所使用的材料以及使用的电压等级、电缆的截面积等进行编制。

（4）电缆的加工工艺可概括为：拉-绞-包-填等步骤，拉是将粗的金属导体拉成细的金属导体，绞是将拉细的金属导体绞合，包是包覆绝缘层、护套层等，填是填入填充物使电缆形状规则。

（5）电缆的性能特点是根据电缆的使用条件、环境条件等因素要求进行确定，其中包括电气性能、机械性能、物理化学性能、抗老化性能。

（6）电缆敷设安装包括性能型式试验、敷设安装、接头或终端的安装、制作等步骤。

2 电缆绝缘护套老化损伤类型及其危害

2.1 我国电缆运行状况及存在的问题

随着中国经济的快速发展，城市现代化水平的不断提高，电力电缆作为城市电网中的重要设备，发展速度极快，平均年增长量达到 35％。中国城市化建设进程快速推进，城市中心区输电网的电缆化率越来越高，电力电缆专业重要性也越来越强，直接关系到城市中心区的供电安全。近三十年来，电力电缆的应用正从北京、上海、广州、深圳等特大型城市向中小城市快速扩展。

电缆敷设方式主要有直埋、电缆沟、排管、隧道、桥梁、水底敷设等。其中排管敷设 149037 千米，占 47.7％；直埋敷设 83415 千米，占 26.7％；电缆沟敷设 67081 千米，占 21.5％；隧道敷设 79277 千米，占 3.0％；浅槽夹层等 1940 千米，占 0.6％；桥梁敷设 958 千米，占 0.3％；水底敷设 733 千米，占 0.2％。500kV 电缆设备主要敷设方式为隧道和电缆沟；66～220kV 电缆设备主要敷设方式为排管、电缆沟、隧道；6～35kV 电缆设备主要敷设方式为排管、直埋和电缆沟；±50kV 电缆设备全部采用水底敷设。

截至 2018 年，在运行交联电缆占 99.0％、油纸电缆占 0.6％、充油电缆占 0.1％、橡胶电缆占 0.3％。我国电缆用绝缘护套材料主要有聚氯乙烯（PVC）、聚乙烯（PE）、聚丙烯（PP）以及交联聚乙烯（XLPE）。这些材料的共同优点是电气性能优异；但共同的缺点是：作为传统的聚合物材料，这些材料均不具备自愈合性能。即使轻微的老化损伤，也会造成材料性能的劣化。并且随时间推移，小损伤会不断加重，最后导致材料力学性能或绝缘性能的彻底丧失。

电缆绝缘护套材料是电缆最外层的一层保护护套，直接与外界环境接触，在运行过程中因长时间受到光、电、热和外力等作用不可避免地发生绝缘或者损伤。电缆材料老化不仅降低材料的绝缘性能，严重影响材料的使用寿命，而且可能会导致漏电甚至停电故障，造成巨大的经济损失和安全隐患。

2.2 电缆外护套的作用

我国城市中电缆广泛被使用，电力电缆外护套是保护电缆的第一道防线，其完好与否对电缆的使用寿命关系重大。

电缆外护套的作用，外护套位于电缆最外层，目前，市面上多采用聚氯乙烯（PVC）和聚乙烯（PE）两种材料。外护套在高压电缆中的主要作用有：

（1）保护作用。电缆的敷设环境经常伴有水分、腐蚀性物质以及白蚁的侵蚀。对于有金属护套的电缆，位于电缆层最外层的外护套是为保护金属护套（如波纹铝护套）免遭周围物质的腐蚀而设计的。对于没有金属护套的电缆，外护套就直接起到对主绝缘的保护和密封作用。

（2）绝缘作用。110kV以上等级的高压电缆，绝大部分采用单芯结构。由于电缆运行时导体电流的电磁感应，在金属护层（护套和屏蔽层，下同）上产生感应电压。为避免感应电压在金属护层上形成环流，降低电缆的载流量，除在金属护层的连接上采取措施外，电缆的外护套须具有良好的绝缘性能，使金属护层对地绝缘。电缆外护套受损，轻则引起电缆金属护层环流增大，降低电缆线路的输送容量；重则使金属护套受到腐蚀，进而危及电缆的主绝缘，直至绝缘击穿发生事故。由于目前尚无对高压电缆运行状况有效的监测手段，对电缆外护套状态的评价，实际上已成为对电缆运行状况的评价的重要指标。现行的预防型试验规程对电缆外护套绝缘试验规定了严格的标准。

2.3 电缆绝缘护套的损伤类型

电缆护套常见故障是由老化、外力损伤、动物损伤等因素造成，最终造成绝缘性能下降，最终发展到完全丧失，造成短路甚至火灾。

2.3.1 材料老化

材料老化是造成电缆在运行过程中护套层的绝缘故障主要因素，电缆绝缘老化受各种外界因素（如光、热、电等）的影响，通过日积月累的作用使绝缘性能、机械性能等逐渐下降，最终使绝缘性能完全丧失。引起老化的因素主要有以下几种。

（1）绝缘受潮。这种情况也很常见，一般发生在直埋或排管里的电缆接头处。比如：电缆接头制作不合格和在潮湿的气候条件下做接头，会使接头进水或混入水蒸气，时间过久后在电场作用下形成水树枝，逐渐损害电缆的绝缘强度而造成故障。

（2）化学腐蚀。电缆直接埋在有酸碱作用的地区，往往会造成电缆的铠装、铅皮或外护层被腐蚀，保护层因长期遭受化学腐蚀或电解腐蚀，致使保护层失效，绝缘能力降低，也会导致电缆故障。

（3）电缆长期过负荷运行。电缆超负荷运行，由于电流的热效应，负载电流通过电缆时必然导致导体发热，同时电荷的集肤效应以及钢铠的涡流损耗、绝缘介质损耗也会产生附加热量，从而使电缆温度升高。

（4）环境和温度。电缆所处的外界环境和热源也会造成电缆温度过高、绝缘击穿，甚至爆炸起火。

老化使绝缘材料变脆、变硬，严重时发生龟裂，尤其遇上潮湿天气，水分的侵入，容易造成金属导体的短路，造成火灾，产生停电事故。

2.3.2　外力损伤

从近几年的运行分析来看，现在相当多的电缆故障都是由于机械损伤引起的。深圳供电局通过对 2004～2009 年的电缆外护套事故统计发现外护套接地故障的主要原因是施工造成，故障绝大多数是由电缆敷设及施工时造成的轻微损伤发展而成，在做耐压试验时未被发现，虽短时间内不至于击穿，但经过一段时间，金属护套上的电压就会把薄弱点击穿。

在实际生产、安装、施工过程中，电缆护套材料的外力损伤表现为以下几种情况：①电缆本身的质量，如外护套壁厚偏薄，施工一受力就出现破损；②电缆敷设过程中电缆外护套被沿线通道的物件划伤，如电缆沟侧壁模板铁钉、电缆沟转角尖端、箱涵排管进出口尖物及管内障碍物、电缆落地磨损等；③电缆敷设后期填埋细黄砂等保护介质物时造成外护套损伤，如未按设计要求直接将含有石块、砖块等坚硬物的细黄砂填入；④回填人员在施工过程中用铁锹等硬物工具回填，磕碰电缆损伤；⑤随机外力损伤。

2.3.3　动物啃咬损伤

鼠类动物为啮齿类动物，牙齿终生快速生长，每天必须用啃咬物体磨损快速生长的牙齿来保持其生理习性，而塑料特有的气味使塑料成为鼠类常啃咬对象，不管是野生或是人类活动区域的老鼠对电线电缆护套或绝缘层的破坏能力都是很强的。常有报道田鼠啃咬野外敷设非防鼠电缆造成电缆失效的事件，而且城市房屋中非防鼠电线被老鼠啃咬失效的情况也时有发生。

据外国科学家统计，每年全球由于蚁害所造成的经济损失高达 1000 亿美元。美国每年因白蚁破坏造成直接经济损失 20 亿～30 亿美元，欧洲每年约 2 亿欧元，澳大利亚每年约 1 亿澳元。中国每年因白蚁为害造成的经济损失最少 17 亿元人民币。地埋电缆在运行过程中会发热,在南方潮湿的条件下,该微环境有利于白蚁的生长,白蚁除了啃噬木材外,也会啃噬电缆外皮,而白蚁的酸性分泌物会腐蚀电缆,使得电缆短路,从而引起电路故障。

2.4 电缆绝缘护套老化损伤后的性能变化

2.4.1 热老化对电缆性能的影响

热老化是电缆老化的主要原因之一,是指在热量的作用下,绝缘的聚合物内部发生裂解最终致使绝缘性能严重下降甚至失效的过程。材料在长时间高温作用下由于过热氧化发生质变,使物理特性和电气特性降低。热量的来源主要包括外界温度变化、绝缘材料内部介质负荷电流和短路电流所引发的温度升高。在较为寒冷的北方,环境因素产生的热效应相对较小,而在炎热的南方,热效应非常明显,但是外界环境不是热量的主要来源,绝大多数的热量来源于电力设备长期运行过程中积累的热量。高温环境中绝缘材料内部发生氧化、热分解等化学反应,导致材料内部分子结构发生硬度变化和龟裂等物理变化,进而引起绝缘材料绝缘寿命的缩短和性能降低,其中最明显的变化是绝缘材料的拉伸强度、伸长率等机械性能的变化。

1. 热老化对电缆绝缘材料击穿电压的影响

将老化温度确定为 130、140、150℃,分别测定不同老化温度下老化时间为 0、400、700、1000、1600、2100h 时电缆绝缘材料击穿电压,结果如图 2-1~图 2-3 所示。

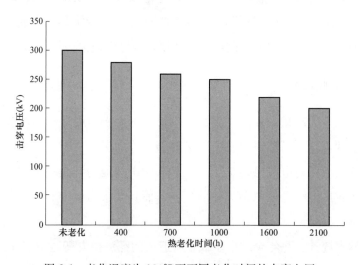

图 2-1　老化温度为 130℃下不同老化时间的击穿电压

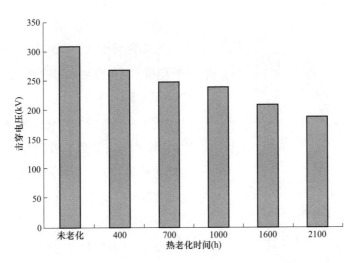

图 2-2   老化温度为 140℃下不同老化时间的击穿电压

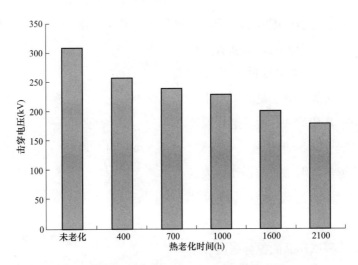

图 2-3   老化温度为 150℃下不同老化时间的击穿电压

由图 2-1～图 2-3 可见，热老化温度越高、老化时间越长击穿电压下降更为明显。造成击穿电压下降的原因是老化时间越长、老化温度越高，绝缘材料内部的热分解反应越严重，产生低能键越多，因而击穿电压下降；另外，热分解产生大量的小分子，也是造成击穿电压下降的原因。

2. 热老化对电缆绝缘材料介电常数和介质损耗的影响

在 1kV/mm 的交流电场中，确定老化温度分别在 130、140、150℃，分别测定不同老化温度下老化时间分别为 0、1000、2000、3000、4000、5000、6000h，此时电缆绝缘材料介电常数和介质损耗如图 2-4 所示。

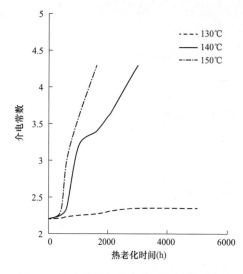

图 2-4　介电常数与热老化时间的关系曲线

由图 2-4 可见，在 130℃的老化温度下，介电常数随热老化时间增加，变化不大；而在 140℃和 150℃的老化温度下，介电常数随热老化时间增加，变化较大，并且老化温度越高，变化越大。在 140℃老化温度下，在老化时间 700h 前，介电常数呈缓慢增大趋势，当老化时间达到 1400h，介电常数迅速增大；而在老化温度 150℃老化温度下，在老化时间 400h 前，介电常数呈缓慢增大趋势，当老化时间达到 700h，介电常数迅速增大。

图 2-5 为绝缘材料损耗因数与老化时间的关系曲线，由图可见，在相同的老化温度下，随着老化时间的延长，损耗因数逐渐增大，同时老化温度越高，损耗因数增长率越高。

由此可见介电常数和损耗因数随着老化时间延长而增大，随老化温度的上升而增大，这是由于热老化加速分子链裂解产生大量的极性的基团羰基和羟基，而且老化温度越高断链的速度越快，因此介电常数越高，其内部损耗发热越多，因而介质损耗越大。

3. 热老化对电缆绝缘材料机械拉伸性能的影响

采用万能试验测试样品的拉伸强度和断裂伸长率，拉伸速度控制在 250mm/min，

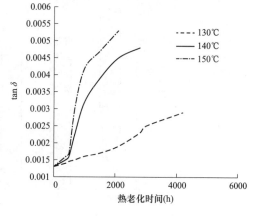

图 2-5　介质损耗与热老化时间的关系曲线

老化温度分别设定为 130、140、150℃，分别测定不同老化温度下老化时间为 0、1000、2000、3000、4000、5000h 时电缆绝缘材料的拉伸强度和断裂伸长率，测试结果如图 2-6 和图 2-7 所示。

由图 2-6 和图 2-7 可见，在 130℃的老化温度下，拉伸强度随老化时间的延长变化不大，当老化时间达到 4200h 时，与未老化材料相比，拉伸强度略有所下降，拉伸强度由老化前的 24.33MPa 下降到 23.76MPa，断裂伸长率由 922％下降到 917％。而在 140℃和 150℃的老化温度下，热老化后拉伸强度和断裂伸长率呈现先增大后快速下降的趋势。其中 140℃的老化温度下，老化时间在 700h 前表现为上升的趋势，而 700h 后快速下降，老化时间达到 2800h 时，拉伸强度由老化前的 24.33MPa 下降到 17.89MPa，断裂伸长率

由 922％下降到 815％；在 150℃的老化温度下，老化时间在 400h 前表现为上升的趋势，而 400h 后快速下降，老化时间达到 2100h 时，拉伸强度由老化前的 24.33MPa 下降到 17.52MPa，断裂伸长率由 922％下降到 790％；由此可见，老化温度越高，对机械性能的影响越大。

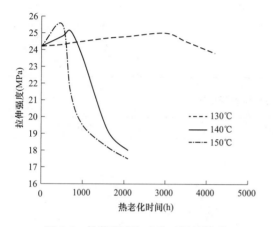

图 2-6 拉伸强度与老化时间的关系   图 2-7 断裂伸长率与老化时间的关系

4. 热老化对电缆绝缘材料热延伸性能

材料的交联度可采用热延伸来间接衡量，热延伸率决定了材料在高温环境下的使用寿命。电缆热延伸试验方法如下：将干燥箱的温度设定为 200℃，将哑铃状的样品悬挂在干燥箱中，下端夹重物，拉力应为 $20N/cm^2$。当干燥箱的温度回升到 200℃，试样在干燥箱中保持 10min，然后从观察窗读取两条标线间的距离以计算热延伸率；在下夹头将重物剪断以解除拉力，并将样在干燥箱中恢复 5min，取出样品在空气中冷却到室温，再次读取两条标线间的距离以计算永久变形率。

热老化对样品材料热延伸性能的影响测定结果见表 2-1～表 2-3。

表 2-1   **老化温度为 130℃材料延伸率**

老化时间/h	负荷下伸长率/％	冷却后的永久变形率/％
0	70	0
700	69.5	0
1400	68.5	0
2100	68	0
2800	69	0
3500	70.5	0
4200	71.5	0

表 2-2 老化温度为 140℃ 材料延伸率

老化时间/h	负荷下伸长率/%	冷却后的永久变形率/%
0	70	0
400	65.5	0
700	64	0
1000	68.5	0
1600	70.5	0
2100	73	0
2800	75	0

表 2-3 老化温度为 150℃ 材料延伸率

老化时间/h	负荷下伸长率/%	冷却后的永久变形率/%
0	70	0
400	62.5	0
700	70.5	0
1000	72	0
1600	74.5	0
2100	80.5	0

表 2-1~表 2-3 可见，在 130℃ 的老化温度下，材料的热延伸性能变化率变化不大；在 140℃ 和 150℃ 的老化温度下，材料的热热延伸性能先减小后增大的趋势，并且老化温度越高，热延伸率增大越快。

2.4.2 电老化对电缆绝缘材料性能的影响

电缆在运行当中，长期作用在电场下，不可避免地对外层绝缘护套的聚合物产生老化作用，使材料本身出现质量缺陷，发展成树枝化和破坏绝缘护套材料的绝缘性能。电气老化的机理具有很明显的复杂性，其中涵括了绝缘击穿所产生的一系列化学反应和物理反应，但绝大多数原因是局部放电导致。绝缘护套材料在生产过程难免会产生一些缺陷如裂纹和气泡等，这些微小的缺陷在材料的使用过程在电场的作用下会产生局部电场集中，或者由于绝缘材料表面沾污金属微粒而造成的沿面放电，从而引发局部放电而产生老化。局部放电对绝缘材料的破坏主要有三个方面：①带电离子的高速碰撞作用，切断聚合物的分子键；②局部放电时间很短，局部温度高达 1000℃，导致局部融化和化学降解；③局部放会产生化学活性很好的 $H^{\cdot}$ 和 $O^{\cdot}$ 进而与聚合物作用生成羧酸和硝酸，腐蚀绝缘材料和导体。局部放电逐步发展成电树枝，最终导致绝缘击穿，电树枝的特性决定了绝缘材料的寿命。图 2-8 为 XLPE 形成电树枝结构图。

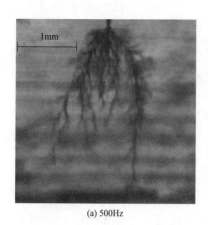 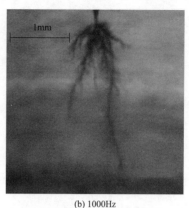

(a) 500Hz　　　　　　　　　　(b) 1000Hz

图 2-8　XLPE 电树枝结构图

1. 电老化后样品的空间电荷消散特性

采用电声脉冲法（PEA）测量老化前后试样的空间电荷分布，测量装置如图 2-9 所示。

空间电荷测量试验场强为 20kV/mm，预压时间为 60min，分别测量 0、10、20、30、40、50、60min 时的空间电荷，然后将试样短路，测量 30min 内的空间电荷消散特性。每个时间点共连续采样 1000 次，取平均值作为试验结果。

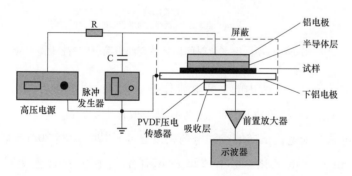

图 2-9　空间电荷测量系统示意图

图 2-10 为不同电老化时间试样的空间电荷分布特性。空间电荷密度随时间的变化规律通过箭头进行了标注。

由图 2-10 可见，未老化的样品空间电荷为 6C/m³，电老化 15d 后电极与试样接触面的感应电荷密度略有增加，出现了同极性空间电荷注入现象，此外空间电荷有向试样内部迁移的趋势；电老化 25d 试样的空间电荷分布趋势与电老化 15d 的试样相同，其空间电荷的注入和积累现象比老化 15d 的试样更加严重，空间电荷有进一步向试样内部迁移的趋势。

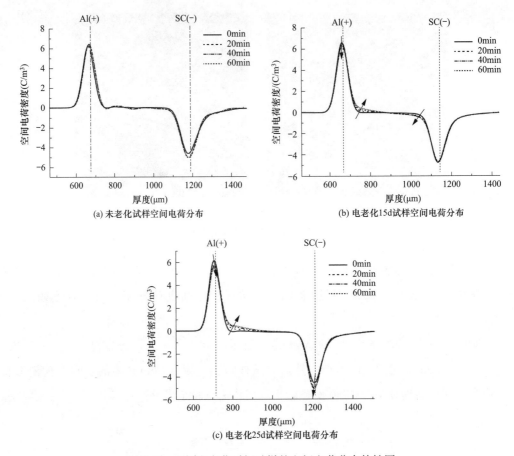

图 2-10　不同电老化时间试样的空间电荷分布特性图

图 2-11 为试样短路 30min 内的空间电荷分布图，将试样短路后，XLPE 内的入陷电荷受激脱陷，空间电荷密度逐渐减少，对外形成去极化电流。

由图 2-11 可见，未老化试样的空间电荷密度衰减较快，短路 30min 后空间电荷密度已经小于 $0.3C/m^3$；而电老化 15d 和 25d 的试样空间电荷衰减速度明显降低，短路 30min 后试样内部仍剩余较多的空间电荷。电老化 25d 试样短路瞬间的空间电荷初始密度较电老化 15d 试样高，经过短路 30min 后，其空间电荷剩余量也较电老化 15d 试样多，表明其内部的陷阱数量及陷阱深度均比未老化试样和电老化 15d 试样有所增多。分析认为，直流电缆材料在持续的直流电场作用下，XLPE 分子链被破坏，形成自由基，进而引发自由基的链式反应，生成大量小分子，形成更多的局域态，导致空间电荷密度增大（陷阱总量增大）和残余电荷量增多（深陷阱数量增多）。

2. 电老化对电导率的影响

电导率的测定采用三极测试系统，图 2-12 为样品在不同的电老化时间的电导率。由图 2-12 可见，电导电流随着老化时间的增加，绝缘内部的有机物裂解或散失不断增加，导致绝缘内部缺陷不断增多，加快了空间电荷的积累，所以导致了欧姆区电流和空间限制电流区的电流都随之增加，老化阈值降低，而绝缘内部有机物的裂解导致了绝缘电导率的增加。

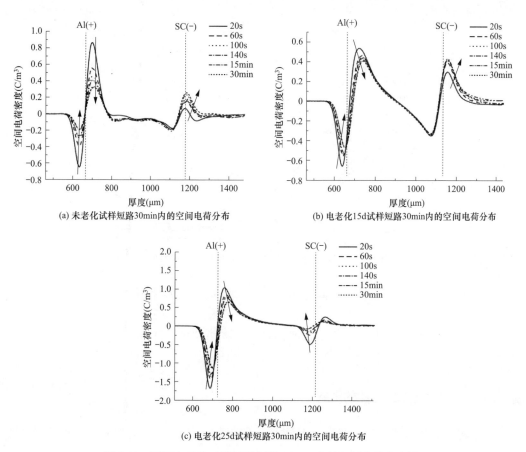

(a) 未老化试样短路30min内的空间电荷分布　　(b) 电老化15d试样短路30min内的空间电荷分布

(c) 电老化25d试样短路30min内的空间电荷分布

图 2-11　不同电老化时间试样短路 30min 内的空间电荷分布图

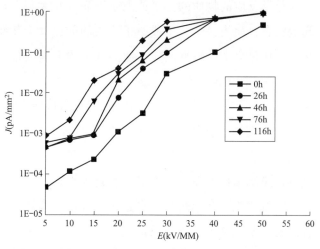

图 2-12　样品在不同的电老化时间的电导率与场强关系图

3. 电老化对介质损耗的影响

在 1kV/mm 的交流电场测定热老化后样品的介电常数和介质损耗，从测试结果见图 2-13。

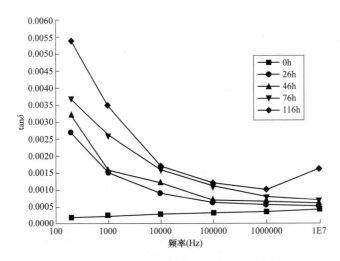

图 2-13 样品在不同的电老化时间的介质损耗

由图 2-13 可见，损耗因子随老化时间的增加而增加，说明电老化导致绝缘损耗的增加。

2.4.3 光老化电缆性能的影响

光的波长和能量成反比关系，波长越短，能量越大。日光中引起光老化的主要波长段是紫外波段（300～400nm），高分子材料在受到日光照射时会发生一系列反应，主要是光化学反应。发生光化学反应的物质的分子或原子首先吸收太阳光，使其分子或原子在吸收光能后处于高能状态；而当一个分子或原子吸收的能量大于其键能，就会使该物质发生降解，即老化。老化是完全的解聚反应，使高分子的末端从原子间化学键弱的部分断裂。

高分子材料在光的照射下，首先吸收与光波长相当的能量，然后转入激发态，进而生成游离基并开始链反应。高分子材料的多种基础化学键与太阳光中紫外部分（290～400nm）能量相当，如 C—H、C—F、C—O、C—C、C—N、O—H 等。事实上，仅靠太阳光辐射引起的光老化速率很低，而大气中氧的存在大大促进了这一过程，所以高分子材料的光老化一般可以看成光氧降解过程。在这个过程中，光主要起活化作用，同时也是游离基生成过程最初的引发剂，而光氧反应一旦开始后，产生的过氧化氢、酮、羧酸可引起一系列新的引发反应。

1. 光老化后的形貌宏观、微观变化

经过一定周期的光老化后，样品外观形貌的变化主要表现透明度下降、颜色逐渐发黄的现象（图 2-14 为光老化 12 个月后的形貌），并且老化时间越长，颜色越深。通过扫描电镜对光老化 12 个月的样品进行观测，电镜扫描图见图 2-15，从电镜扫描图可见样品表面布满了裂纹和小孔，且裂纹顺着同一个方向排布，这是由内部结构的交联断裂造成的表面开裂。

图 2-14　PE 光老化颜色变化

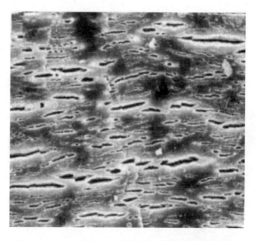

图 2-15　光老化 12 月样品扫描电镜微观形貌

2. 光老化对绝缘材料颜色和光泽度的影响

随光老化时间的延长，试样的透明度明显降低，从第 6 个月起，试样呈现半透明状态，到 12 月后试样已基本完全不透明，由此可知，由于试样受到光老化的作用，结构发生了变化，导致其透明度降低，试样的透明度可用失光度来进行量化表征，结果如图 2-16 所示，随着老化时间的延长，试样的失光率呈台阶状上升。特别是在第 1～3 个月间和第 6～9 个月间，失光速度明显加快，到第 12 个月时，试样光泽度下降了约 73%，仅为 7.2，基本上无光泽。此外，随光老化时间的延长，试样的颜色逐渐变深，色差与光老化的关系见图 2-16，从颜色变化看，3 个月与 1 个月试样相比颜色变深，6 个月和 12 个月的试样颜色差异较大，12 个月的试样颜色明显变深，从图 2-16 中可以看出，1～3 个月和 9～12 月是色差变化较大的两个阶段，其原因可能是试样受光照影响，从表面开始老化，因此初期色差变化明显。随着光老化时间的延长，老化过程逐渐从表面深入到试样内部，使其内部结构发生变化，但这种变化无法用表面色差的改变来表示，因此，光老化 3～6 月间试样表面色差变化不大，可以推测，到第 9 个月时，试样内部经过较长时间的光氧化作用，结构的变化进一步影响到试样表观的形貌，使其表面老化程度加剧，因此色差发生显著变化。

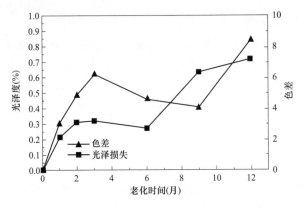

图 2-16　试样色差、失光率与光老化时间的关系

此外，随着光老化时间的延长，除了透明度下降、颜色变深之外，试样的硬度也提高，通过测试不同光老化时间试样的硬度，得到硬度与光老化时间的关系图，见图 2-17。

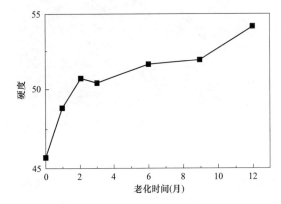

图 2-17　试样硬度与光老化时间的关系图

由图 2-17 可以看出试样的硬度在前 3 个月内有比较大的上升，随后缓慢上升直至老化 12 个月时硬度达到最大值。

3. 光老化对拉伸强度与断裂伸长率的影响

通过万能力学实验机上对样品进行拉伸测试，获得光老化不同时间后试样的拉伸强度，为了更清晰比较拉伸强度变化的趋势，使用拉伸强度保留率来表示。图 2-18 中是聚乙烯塑料在光老化后其拉伸强度保留率、断裂伸长率与老化时间的关系。

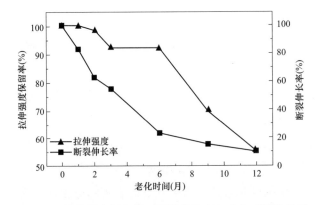

图 2-18　拉伸强度保留率、断裂伸长率与老化时间的关系

由图 2-18 可见，经历 12 个月光老化后，试样在前六个月拉伸强度变化不大，强度仅降低不到 10%，而在老化 6 个月以后至 12 个月期间，拉伸强度发生显著下降，到达 12 个月时拉伸强度保留率约为原始试样的一半。这与试样受到光加速老化后其内部结构经过缓慢量变到质变的过程有关，因此造成了性能上的突变。材料随室外老化时间的增加断裂伸长率从老化一开始下降趋势便十分明显，直到老化 6 个月后，下降速度变缓，但断裂伸长率仍随老化时间延长而继续降低，试样在老化 12 个月后断裂伸长率基本降至一极限值。对照拉伸强度的变化曲线，可以发现，前 6 个月拉伸强度变化不大，但断裂伸长率急速下降，这说明材料经老化后相对韧性变小，对强度性质影响不大，但对断裂伸长率影响很大。当老化 6 个月后，聚乙烯韧性继续缓慢减小，其塑性也随之降低，造成拉伸强度显现出下降趋势。

4. 光老化对材料弯曲性能的影响

图 2-19 为试样不同光老化不同时间抗弯强度变化趋势图，由图 2-19 可见，弯曲性能随老化时间的变化不大。

5. 光老化后化学成分的变化

图 2-20 为经过 12 个月光老化后的红外光谱图，由图可见，光老化后材料中出现了大量羰基峰，说明 PVC 材料光老

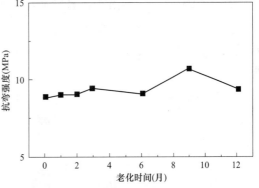

图 2-19 弯曲性能与光老化时间的关系

化以光氧化为主。由于大量羰基产生，材料发生了交联反应，所以会出现变硬变脆的现象。

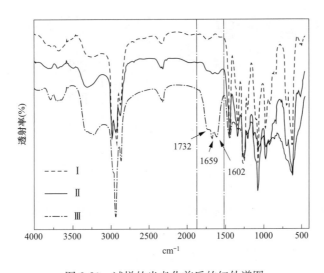

图 2-20 试样的光老化前后的红外谱图

2.4.4 机械老化电缆性能的影响

电缆在敷设、运行过程受不同的外力的作用不可避免地会产生各种各样的损伤，例如：高压电缆敷设在电缆隧道、铁路桥梁等应用环境下时常常受到特定频率振动的长期作用，由此导致疲劳损伤、电缆出现外护套开裂、金属套开裂变形等问题；电缆受到碾压也会外护套开裂、金属套开裂变形；此外，电缆在敷设过程中的受牵引、拖拽等作用不可避免地造成电缆护套的擦伤、刮伤等损伤。这些损伤均会造成材料的机械、电气下降。

1. 电缆受到碾压后的性能变化

电缆受到碾压后其护套出现结构损伤，尤其是发生电缆外护套凹陷情况时，极易产生电缆绝缘部位微观方面出现撕裂性质结构损伤。通过傅里叶红外光谱仪对电缆正常部位和受损部位进行交联副产物含量分析，正常侧与压扁侧 XLPE 试样内、中、外层交联副产物含量对比情况见图 2-21。

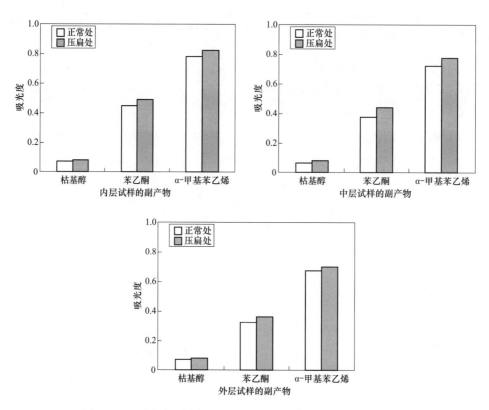

图 2-21 正常侧与压扁侧试样内、中、外层交联副产物含量对比

由图 2-21 可见，受外力损伤的 XLPE 试样三种副产物含量稍高于未损伤样品，表明外力损伤后，电缆绝缘材料化学成分发生了变化。

利用万能拉伸仪对电缆正常侧、压扁侧绝缘部位进行拉伸所得到的拉伸应变曲线，见图2-22，由图可见正常侧电缆绝缘部位在拉伸断裂前的力量最大值为62.44N，压扁侧电缆绝缘部位在拉伸断裂前的力量最大值为57.07N。试验设备分析得出正常侧电缆绝缘部位在拉伸断裂前的最大抗拉伸强度为17.955MPa，断裂伸长率为547.545%，压扁侧电缆绝缘部位在拉伸断裂前的最大抗拉伸强度为16.893MPa，断裂伸长率为521.672%，由此可见，绝缘材料受损后机械性能下降。

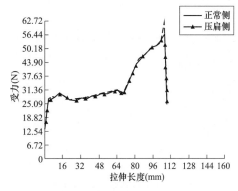

图2-22　正常侧与压扁侧XLPE试样拉伸应变曲线

2. 电缆绝缘材料刮伤后的性能变化

将电缆绝缘材料样品制成哑铃形的样品，长度为75mm×12.5mm×1mm，其中部分样品在正中央用小刀划出2mm宽（简称半破坏，见图2-23）裂痕，部分样品在正中央用小刀划出4mm宽（简称全破坏，见图2-24）裂痕，还有一部分样品不刮伤。

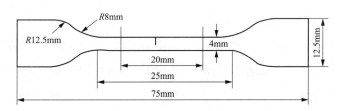

图2-23　半破坏的样品

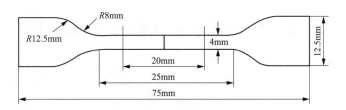

图2-24　全破坏的样品

通过对三种样品进行拉伸试验，得到三种样品拉伸强度和断裂伸长率的变化情况，见图2-25~图2-28。

由图2-25和图2-26可见，损伤样品（包括半破损、全破损）拉伸强度基本不变，而断裂伸长率下降到10%，几乎一拉即断，这是由于PE材料的强度大，弹性差，受损后，很快拉断。

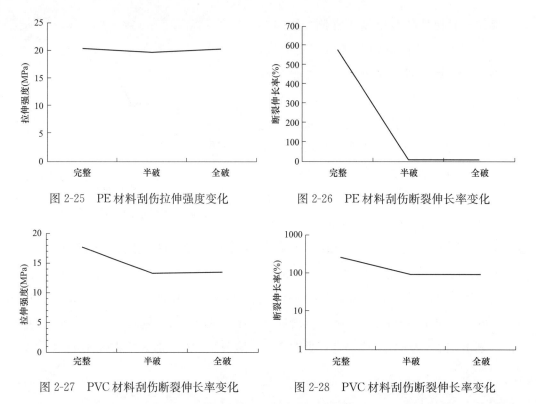

图 2-25　PE 材料刮伤拉伸强度变化　　　　图 2-26　PE 材料刮伤断裂伸长率变化

图 2-27　PVC 材料刮伤断裂伸长率变化　　　图 2-28　PVC 材料刮伤断裂伸长率变化

由图 2-27 和图 2-28 可见，损伤样品（包括半破损、全破损）拉伸强度相对于未破坏样品拉伸强度下降 25％，半破损、全破损样品的拉伸强度是一样，表明只要受损拉断的力是一样的。而断裂伸长率下降到 93％，可见 PVC 相对于 PE 材料来说，受损后没有一拉即断，有一定的韧性。

2.5　电缆绝缘护套老化、损伤造成的线路故障

电缆绝缘护套受到外力损伤或者老化后产生的裂纹不仅使护套的机械、电气性能加速下降，同时，对于 110kV 以上的高压电缆，还容易造成环流。当其线芯流经电流，会在一定空间内产生电磁场，这种现象会影响到电缆的金属护层，在金属护层上产生感应电动势，称为感应电压。当流经的线芯电流增大，其周围磁场相应的增强，在金属护层上所引起的感应电压也就相应的增大，当电缆线路发生故障或金属护层裸露造成金属护层短接时，金属护层就会与大地之间构成一个有效的电流通路，在其感应电压的条件下产生回路电流，即电缆的接地环流。

接地环流的存在对电缆造成巨大影响，首要影响就是降低了电缆线芯的载流量，据报道环流使电缆的载流量下降 30％～40％，影响其运行效果；其次由于环流的存在，会

造成金属护层温度不断上升，造成绝缘护套的绝缘性能一定程度的减弱，缩短电缆运行寿命，甚至出现熔化的现象，见图2-29。当接地环流超标（环流值大于50A或超过负荷电流的20%或相间最大值/最小值大于3），环流引起的严重发热会烧毁接地线或接地箱、绝缘护套受热熔化等现象，消缺不及时可能会引发停电等恶性电网事故。

图 2-29 某线路电缆环流过热造成绝缘护套部分熔化

绝缘外力损伤破损导致金属护套外露，与周围的环境直接接触就很容易被腐蚀，土壤中含有的酸、碱、氯化物、有机腐蚀质等均容易造成金属护套腐蚀，包括化学腐蚀和电解腐蚀。金属护套有铝护套、铅护套等，铅护套的腐蚀产物为痘状带淡黄色或带红色的白色化合物，由于铝为活跃金属，因此，在同样的环境下，铝护套更容易腐蚀，当形成腐蚀电池时，铝护套成了阳极，将遭受腐蚀。在中性或者酸性的环境中，氯离子决定铝的腐蚀速度和性质，氯离子容易穿透铝的氧化层生成三氯化铝，是铝腐蚀的促进剂，在强碱性环境中，氧化铝直接溶解在碱液中，铝腐蚀的特点是"点蚀"，容易形成穿孔腐蚀。当金属护套腐蚀穿孔造成主绝缘外露，就可能造成主绝缘击穿事故，导致线路停电。

2.6 小   结

电缆绝缘护套是电缆最外层的保护套，是电缆重要组成部分，起着保护主绝缘以及使金属护套对地绝缘的作用，同时是电缆最容易损伤部分，其中包括电、热、光对绝缘材料的老化作用，还包括在敷设、安装等过程的外力损伤，电缆绝缘护套损伤造成电缆的机械、电气性能快速下降，从早期的微小损伤，迅速发展到大损伤，当损伤发展到一定程度，就进一步危及金属护套，形成多点接地而造成环流，环流造成电缆局部过热，还降低电缆的载流能力；绝缘护套损伤还容易造成金属护套腐蚀穿孔，进一步危及主绝缘，导致主绝缘击穿，引发线路停电等更加严重的事故。电缆绝缘护套损伤在早期可能不会马上影响线路的运行，但不及时处理，在不觉察中发展成重大事故，因此，不得不引起重视。

3 热–机械作用下绝缘护套损伤老化机理与自修复理论

3.1 机械应力下聚合物绝缘损伤机理

3.1.1 聚合物绝缘分子动力学模拟方法

自由体积存在于分子链之间未被占有的区域，其与绝缘介质机械性能、电气性能等密切相关。分子动力学模拟可以分析聚合物自由体积、分子链间势能、内聚能等，具有高效、快速等优势，同时可以验证实验数据、物理模型的合理性、可靠性，被广泛应用于聚合物特性研究。采用 Accelrys 公司开发的 Materials Studio 软件进行高分子聚合物绝缘材料分子动力学模拟，以获得机械应力、温度作用对绝缘介质物理微观结构的影响规律。

力场是分子动力学模拟的关键和核心，直接影响模拟结果的准确性。COMPASS 力场是一个从头开始计算的力场，该力场能够模拟小分子基团、大分子链的力学性质、热学性质等，被广泛应用于聚合物模拟研究。该力场总势能 E_T 可以表示为：

$$E_T = E_v + E_n + E_{pe} = (E_b + E_\theta + E_\varphi + E_\chi) + (E_{vdw} + E_q) + E_{pe} \qquad (3\text{-}1)$$

式中　E_v——成键相互作用能；

E_n——非成键相互作用能；

E_{pe}——对角及非对角交叉耦合能；

E_b——键伸缩能，指分子内键的相互作用；

E_θ——键角弯曲能，描述角相互作用；

E_φ——二面角扭曲能，表示二面角相互作用；

E_χ——键角面外弯曲能；

E_{vdw}——范德华相互作用能；

E_q——静电相互作用能，代表两电荷之间的相互作用。

周期性单元格通过 Amorphous cell 模块构建；体系中粒子初始速度服从麦克斯韦-玻尔兹曼分布（Maxwell-Boltzmann）；牛顿运动方程通过 Velocity Verlet 算法求解，该算法同时给出位置、速度和加速度且不影响求解速度、精度；温度控制采用 Andersen 热浴法，应力控制采用 Berendsen 控压法；基于 Atom Based 法计算范德华作用，基于 Ewald 法计算静电作用，非键截断半径取 9.5Å（Cutoff distance），样条宽度（Spline width）取 1.0Å，缓冲宽度（Buffer width）取 0.5Å，时间步长取 1fs。通过温度平衡、能量平衡准则判断分子动力学模拟平衡状态：温度平衡准则是指温度波动在 ±15K 以内；能量平衡准则是能量方均根力低于设定阈值。

聚烯烃绝缘分子动力学模拟步骤如下：

（1）利用 Visualizer 模块的 Build polymer 命令构建乙烯、丙烯、亚乙基降冰片烯分子结构单元，利用 Discover 模块的 Minimizer 对分子结构单元进行能量优化。

（2）设高分子聚合物绝缘材料分子链聚合度为 100，根据乙烯、丙烯、亚乙基降冰片烯的质量分数设置重复单元的比例，通过 Build polymers 命令构建高分子聚合物绝缘材料分子链，如图 3-1(a) 所示。

（3）将高分子聚合物绝缘材料分子链单元通过 Amorphous cell 模块的 Construction 命令放入周期性单元格中，分子链为 2 条，初始密度为 0.88g/cm³；通过 Discover 模块的 Minimizer 命令对周期性单元格进行优化，直至能量收敛。

（4）利用 Amorphous cell 模块的 Protocols 命令对周期性单元格进行 4 个半周期退火处理，步长为 50K，温度从 200K 至 500K，每一温度下运行 50ps，初始温度设为 298K。优化后的周期性单元格如图 3-2(b) 所示。

（5）通过调节优化后的周期性单元格尺寸、改变原子位置坐标的方法模拟机械形变对周期性单元格的影响。采用正则系统（NVT）进行分子动力学模拟，温度设为 298K，动力学时长为 200ps，步长为 1fs。经过上述松弛过程，获得不同拉伸形变、压缩形变作用下周期性单元格的平衡状态。

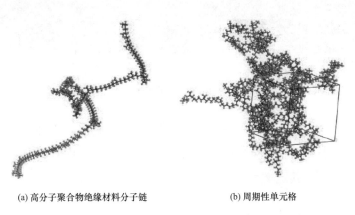

(a) 高分子聚合物绝缘材料分子链   (b) 周期性单元格

图 3-1 高分子聚合物绝缘材料分子动力学模拟的建模过程

（6）采用 NVT 系统对优化后的周期性单元格进行分子动力学模拟，温度分别设为 303、333，363、393K，动力学时长为 200ps，步长为 1fs。经过上述松弛过程，获得不同温度作用下周期性单元格的平衡状态。

通过不同机械应变、温度作用下高分子聚合物绝缘材料周期性单元格可以获得高分子聚合物绝缘材料微观构象、分子链间势能、自由体积、内聚能等物理信息，结合电荷输运相关理论可以深入探讨绝缘介质破坏机理。

3.1.2　拉伸应力对聚合物绝缘微观结构与自由体积的影响

根据自由体积击穿理论，电子在自由体积内加速并获得能量，击穿场强与电子平均自由行程有关。K. C. Kao 指出绝缘介质内部较小的自由体积足够载流子加速获得能量打断分子链，促进形成低密度区并最终诱发绝缘击穿，证明自由体积在击穿中的重要作用。机械应力作用下绝缘介质调整微观构象，改变分子链段结构、自由体积、内聚能等进而影响绝缘破坏和劣化过程。基于分子动力学仿真研究获得高分子聚合物绝缘材料拉伸形变与自由体积分布的关系，如图 3-2 所示。当拉伸形变为 0% 时，自由体积尺寸较小，分布均匀；拉伸形变升高时，自由体积尺寸开始增大，其演变过程可以分为两种情况。第一种情况为自由体积周围分子链被抽出导致未被分子链"占据"的部分增大，如图 3-2 中的 a1-b1-c1-d1 所示；第二种情况为尺寸较小的自由体积相互连通、融合，最终形成尺寸较大的自由体积，甚至形成微米级缺陷，如图 3-2 中的 a2-b2-c2-d2 所示。

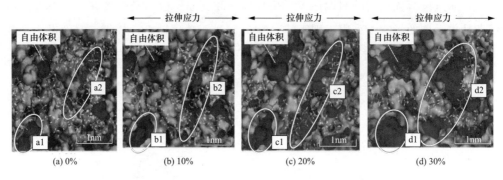

图 3-2　高分子聚合物绝缘材料拉伸形变与自由体积分布的关系

研究指出，绝缘介质击穿场强不仅依赖于电子平均自由行程，同时与自由体积尺寸有关，自由体积减小将导致击穿场强的增大。绝缘介质自由体积的变化可以通过自由体积分数（FFV）反映，其定义为：

$$FFV = \frac{V_\mathrm{f}}{V_\mathrm{f} + V_\mathrm{o}} \tag{3-2}$$

式中　V_f——未被分子链占据的体积；

　　　V_o——被分子链占据的体积。

拉伸形变与自由体积分数的关系如图 3-3 所示。分析发现，拉伸形变为 0％时自由体积分数为 15.4％，拉伸形变为 30％时自由体积分数为 37.23％，自由体积分数随拉伸形变升高而增大。自由体积分数增大利于载流子迁移而获得较高能量，对高分子聚合物绝缘材料分子链破坏作用增强，导致绝缘失效过程加速。

H. Sabuni 等指出内聚能密度（CED）与绝缘介质击穿场强有关，并认为高内聚能密度的绝缘介质具有较高击穿场强。内聚能密度表征不同分子链段间的键合力，体现分子链分离的难易程度，其定义为：

$$CED = \frac{\Delta H_{vap} - RT}{V} \tag{3-3}$$

式中　ΔH_{vap}——汽化的热量；

　　　R——气体常数；

　　　T——温度；

　　　V——摩尔体积。

内聚能密度与绝缘介质分子链间的范德华力和静电相互作用有关。采用分子动力学仿真获得拉伸形变与内聚能密度的关系，如图 3-3 所示。研究发现，拉伸形变为 0％时内聚能密度为 231.06J/cm³，拉伸形变为 30％时内聚能密度为 136.69J/cm³，内聚能密度随拉伸形变升高而减小。内聚能密度变小说明分子链分离所需的能量减小，绝缘破坏所需的能量阈值降低。

为了深入研究预制式附件扩径安装过程中绝缘介质物理微观结构特性，高分子聚合物绝缘材料绝缘形变回复过程中自由体积分布情况如图 3-4 所示，初始拉伸形变为 30％。研究发现，高分子聚合物绝缘材料形变回复过程中自由体积尺寸急剧减小后趋于稳定。当仿真时间为 1ps 时，高分子聚合物绝缘材料内部自由体积尺寸较大，

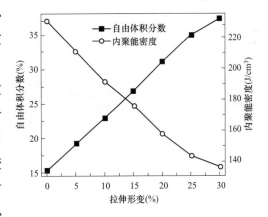

图 3-3　高分子聚合物绝缘材料拉伸形变与自由体积分数和内聚能密度的关系

规则性差；当仿真时间为 200ps 时，高分子聚合物绝缘材料内部自由体积尺寸较小，均匀分布。图 3-5 为高分子聚合物绝缘材料形变回复过程中自由体积分数与内聚能密度变化情况。自由体积分数随着仿真时间逐渐减小，初始自由体积分数为 37.23％，仿真时

间为 200ps 时自由体积分数仅为 23.32%，说明形变回复过程中自由体积重新被分子链"占据"，分子链间距减小造成电荷传输所需克服的能量势垒增大。内聚能密度随着仿真时间逐渐增大，初始内聚能密度为 136.69J/cm³，仿真时间为 200ps 时内聚能密度为 190.32J/cm³，说明形变回复过程中分子链间物理作用增强。

(a) 0ps   (b) 1ps   (c) 5ps

(d) 20ps   (e) 100ps   (f) 200ps

图 3-4　高分子聚合物绝缘材料形变回复过程中自由体积分布

在电缆弯曲过程中电缆绝缘护套承受拉伸或压缩应力。若电缆护套绝缘材料过大的聚合物分子链断裂，形成裂纹等缺陷，绝缘材料形变恢复后内部仍存在较大的气隙而成为绝缘击穿薄弱区域。绝缘介质出现分子层面物理缺陷概率升高，同时分子链间距增大造成电荷传输所需克服的能量势垒降低，容易引发护套裂纹等损伤。

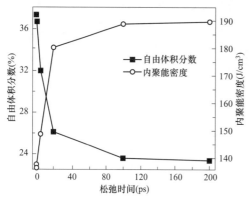

图 3-5　高分子聚合物绝缘材料形变回复
过程中自由体积分数与内聚能密度变化过程

3.1.3　压缩应力对聚合物绝缘微观结构与自由体积的影响

绝缘介质内部自由体积与压缩应力密切相关，压缩应力作用导致分子链间距缩小，分子链段运动能力削弱、压强增大，自由体积缩小。高分子聚合物绝缘材料压缩形变与自由体积的关系如图 3-6 所示。未压缩试样内部分子链之间自由体积尺寸较大；随着压缩形变增大，自由体积尺寸逐渐减小，压缩形变为 30％时达到最小值。压缩形变下分子链间距减小，受压缩的分子链"占据"原自由体积部分，导致其尺寸减小。

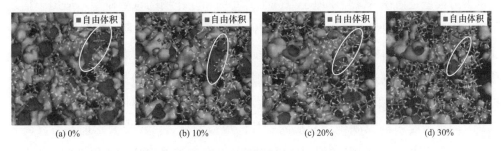

图 3-6 高分子聚合物绝缘材料压缩形变与自由体积的关系

高分子聚合物绝缘材料压缩应变与自由体积分数和内聚能密度的关系如图 3-7 所示。由图可知，压缩形变为 0％时自由体积分数为 15.4％，压缩形变为 30％时自由体积分数仅为 4.82％，自由体积分数随压缩形变增大而减小。自由体积分数减小表明电荷在其内部加速的平均自由行程缩短，无法获得足够能量对分子链造成破坏。压缩形变为 0％时内聚能密度为 231.06J/cm^3；压缩形变为 30％时内聚能密度为 253.68J/cm^3，内聚能密度随压缩形变增大而升高。这是因为压缩形变下绝缘介质分子链间的范德华和静电相互作用增强，分子链间物理交联更加稳固，使内聚能密度增大。内聚能密度增大表明分子链分离所需的能量升高，绝缘破坏所需的能量阈值提高。

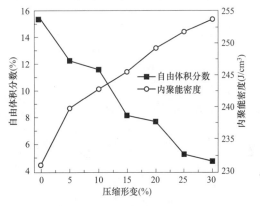

图 3-7 高分子聚合物绝缘材料压缩
形变与自由体积分数和内聚能密度的关系

高分子聚合物绝缘材料中含有添加剂、交联剂等强极性基团，电压作用下产生周期性位移，使分子链物理构型改变，容易产生微孔。高分子聚合物绝缘材料发生压缩形变时自由体积尺寸减小，极性基团发生位移的活动空间缩小；同时，物理交联作用增强，分子链段运动受阻。

基于分子动力学分析，发现拉伸应力增大自由体积形变，如超出材料形变阈值，绝缘介质内部将出现微孔、气隙，进一步发展成为裂纹，最终诱发电缆绝缘护套破坏损伤；压缩应力减小麦克斯韦应力产生的形变，使其不易达到分子链断裂阈值，从而抑制绝缘损伤。

3.1.4　机械应力下聚合物绝缘分子内聚能模型与损伤机理

内聚力模型是描述绝缘介质原子或分子之间的相互作用的重要模型，适用于描述高分子聚合物绝缘材料内部裂纹扩展过程，拉伸应力作用下典型内聚力模型如图 3-8 所示。未受拉伸应力作用时内聚力区域牵引力-位移曲线为 $f(x)$，牵引力 σ 随着裂纹界面分离位移 x 增加而变大，到达最大值 σ_C 时出现损伤；随着裂纹界面分离位移继续增大损伤区域扩大，牵引力反而下降。图 3-8 中 C 点表示裂纹已经完全分离而形成局部损伤；B 点表示最大内聚强度 σ_C，反映绝缘介质耐受外部应力的能力；A 点表示前端裂纹尚未分离。通常，牵引力-位移曲线 $f(x)$ 与坐标轴的面积代表绝缘介质的撕裂韧性。前端裂纹扩展是复杂的累积破坏过程，伴随着分子链分离、化学键断裂等现象，该过程与外界机械应力作用密切相关。当高分子聚合物绝缘材料受到拉伸应力作用时，如图 3-8 所示内聚能密度减小，分子链间范德华、静电非键相互作用能减小，σ_C 减小为 σ_{C1}，$f(x)$ 变为 $f_1(x)$，裂纹扩展所需克服的能量阈值减小而加速绝缘损伤。

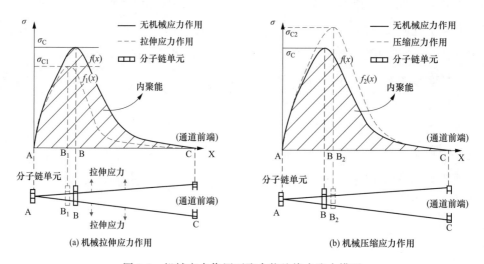

(a) 机械拉伸应力作用　　(b) 机械压缩应力作用

图 3-8　机械应力作用下聚合物绝缘内聚力模型

压缩应力作用下典型内聚力模型如图 3-8(b) 所示。当高分子聚合物绝缘材料受到压缩应力作用时，内聚能密度增大，分子链间的范德华等非键相互作用能增大，此时 σ_C 增大为 σ_{C2}，$f(x)$ 变为 $f_2(x)$，绝缘裂纹扩展所需的能量阈值升高而延缓电树枝生长。综上所述，机械应力改变绝缘介质内聚强度，进而影响其前端裂纹扩展过程。

综上所述，机械应力作用会影响聚合物绝缘自由体积和分子内聚能，从而影响绝缘损伤过程。本项目首次建立了拉伸/压缩机械应力对聚合物绝缘自由体积与分子内聚能的影响机理模型，揭示了电缆护套绝缘在机械应力耦合作用下的损伤机理。

3.2 机械应力对聚合物绝缘性能的影响

机械应力作用下绝缘介质调整分子链构象，物理结构和化学结构遭到破坏，对绝缘击穿性能产生影响。聚乙烯、聚丙烯（PP）等半结晶聚合物内部同时存在结晶区、非结晶区，非结晶区比结晶区内范德华力等非键作用力较弱，拉伸应力下非结晶区卷曲的分子链将沿着拉伸方向伸展，打破分子链间势能平衡而改变电荷传输所需克服的能量势垒；随着拉伸应力增大，分子链将从结晶区片晶中拉出甚至造成分子链断裂而形成化学陷阱，陷阱电荷积聚造成局部电场畸变而诱发局部放电，加速绝缘介质降解过程；当拉伸应力增加到一定阈值时，片晶之间发生相对移动，形成的气隙、裂纹等缺陷部位容易产生局部放电，最终形成电树枝通道。高分子聚合物绝缘材料等属于不定形聚合物，具有较强的形变能力。拉伸应力作用下聚合物分子链克服范德华力、滑动摩擦力等作用发生滑动并改变构象，从而影响聚合物内部分子链间相互作用力及电荷输运过程；随着拉伸应力增大，分子链沿着拉伸方向重新排列，交联网状结构转变为直线状结构，应力较为集中的分子链断裂形成化学缺陷，对绝缘介质电荷输运及电树枝劣化过程产生影响。

为模拟电缆绝缘护套毛刺、杂质、半导电凸起等电场强度集中部位，采用典型针-板电极结构模型进行实验。按照电树枝劣化测试需求制备尺寸为 100mm×25mm×4mm 的试样，如图 3-9 所示。将试样放入定制的插针模具之中，针电极缓慢插入至设定针-板间距并保持 1h，以消除插针过程中机械应力对实验结果的影响。铜箔与试样底端通过导电银胶紧密相连作为地电极。实验采用的针

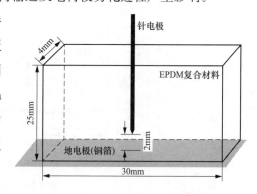

图 3-9 实验样品及针电极示意图

电极为钢质材料，针电极直径为 300μm，针-板之间距离为 2mm。为了保证实验结果的可靠性、准确性，对针电极的针尖角度、曲率半径都有严格的要求，针尖角度为 30°±5°，针尖曲率半径为 (3±1)μm。实验前，通过显微镜观测去除针尖损坏、针尖气隙等实验样品，以减少外界因素对实验结果的影响。

为了获得不同拉伸形变下高分子聚合物绝缘材料电树枝劣化规律，搭建拉伸应力下电树枝实验装置如图 3-10(a) 所示。试样一端固定，另一端通过滑动杆与螺旋杆相连，通过调节螺旋杆改变拉伸形变，拉伸形变 ζ 可以表示为：

$$\zeta = \frac{\Delta l}{l} \tag{3-4}$$

式中 l——试样拉伸前长度；

Δl——试样拉伸前后长度之差。

根据预制式接头扩径率要求，选择 ζ 为 0％、10％、20％、30％。

为了获得不同压缩形变下高分子聚合物绝缘材料电树枝劣化规律，搭建压缩应力下电树枝实验装置如图 3-10(b) 所示。通过调节压紧弹簧施加到试样两侧钢化玻璃的压力改变压缩形变，压缩形变 ξ 可以表示为：

$$\xi = \frac{\Delta d}{d} \tag{3-5}$$

式中 d——试样压缩前宽度；

Δd——试样压缩前后宽度之差。

选择 ξ 为 0％、10％、20％、30％。

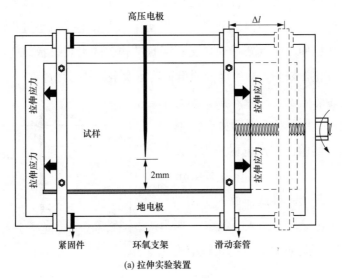

(a) 拉伸实验装置

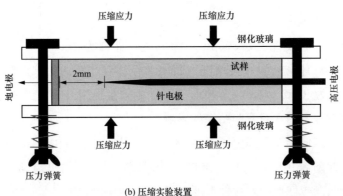

(b) 压缩实验装置

图 3-10 机械应力下护套绝缘电树枝测试实验装置

3.2.1 拉伸应力对聚合物绝缘电树枝破坏的影响

为研究电树枝起始特性，以 500V/s 恒定速度升压至预定电压幅值，并保持电压 5min，电树枝起始电压定义为针尖处观测到电树枝通道（>20μm）的测试电压。以 1kV 间隔逐级升高电压幅值，测试不同电压幅值下电树枝起始特性。为了排除试样制备过程中杂质、气泡等外界因素干扰，同一电压等级对 20 组样品进行测试。针尖电场强度公式为：

$$E = \frac{2U}{r\ln(1 + 4d/r)} \tag{3-6}$$

式中　E——针尖等效电场强度；

　　　U——电压幅值；

　　　r——针尖曲率半径；

　　　d——针-板电极间距。

当电压幅值较低时针尖处的电场强度较低，针尖注入电荷数量少且能量较低，无法打断高分子聚合物绝缘材料内部分子链；另外，试样内部自由电荷无法获得足够能量，容易被陷阱捕获形成同极性空间电荷积累削弱针尖电场强度。因此，电压幅值较低时，电树枝不易引发。表 3-1 为高分子聚合物绝缘材料电树枝起始电压分布情况。当电压幅值小于 12kV 时，20 组试样均未观测到电树枝通道；为进一步验证实验结果，保持电压幅值为 12kV，持续加压 24h 后仍未观测到电树枝通道。当电压幅值大于 18kV 时，20 组实验样品均观测到电树枝通道，电树枝引发率高达 100%。分析可知，50% 电树枝引发电压为 15kV，因此选择该电压幅值对机械应力下电树枝起始特性进行测试。

表 3-1　　　　　　　　　高分子聚合物绝缘材料电树枝劣化起始电压

测定电压/kV	测试样品数/个	电树枝数量/个
<12	20	0
13	20	3
14	20	6
15	20	10
16	20	14
17	20	19
>18	20	20

室温下，高分子聚合物绝缘材料呈高弹态，属于典型的无定形聚合物。高分子聚合物绝缘材料主链由 C-C 构成，分子链之间相互作用力较弱，为典型的柔性链，具有较强的形变能力。当高分子聚合物绝缘材料承受拉伸应力作用时，分子链间物理交联结构遭

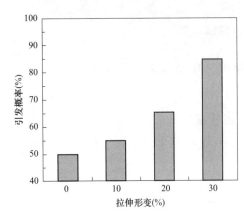

图 3-11　高分子聚合物绝缘材料
拉伸形变与电树枝引发概率的关系

到破坏，分子链发生滑动或转动，蜷缩状的分子链沿着拉伸方向伸展；随着拉伸形变进一步增大，拉伸应力将集中于取向的 C—C 主链结构，甚至造成主链断裂。高分子聚合物绝缘材料拉伸形变与电树枝引发概率的关系如图 3-11 所示。未拉伸高分子聚合物绝缘材料电树枝引发概率为 50%，拉伸形变为 30% 时电树枝引发概率高达 90%，拉伸形变导致电树枝引发概率明显升高。

电树枝引发受电场强度影响，同时与绝缘介质机械应力状态密切相关。研究表明，机械应力影响绝缘介质分子链聚集形态，残存应力作用下 XLPE 内部缺陷增多，电树枝引发时间缩短，生长速度加快。绝缘介质分子链间存在着大量微孔结构，处于真空或亚真空状态，尺寸小、分布均匀。拉伸应力作用改变高分子聚合物绝缘材料中微孔聚集形态、分布特性，使其沿着拉伸方向发生形变，造成自由体积增大。电荷在自由体积内部传输获得能量升高，同时分子链间能量势垒降低利于电荷输运，因此载流子对绝缘介质分子链结构的破坏作用增强。拉伸应力超过一定阈值时，相邻微孔可能连通、融合形成尺寸更大的微孔，构成物理缺陷而积累空间电荷，容易形成电场畸变而引发局部放电，促进绝缘介质分子链降解过程。

高分子聚合物绝缘材料拉伸形变与电树枝形态的关系如图 3-12 所示，加压时间为 10min。当电压幅值为 20kV 时，电树枝形态如图 3-12（a）所示，均为丛林状电树枝结构。未拉伸试样电树枝通道较短，劣化区域较小；拉伸试样电树枝通道较长，劣化区域较大。分析可知，拉伸形变越大，电树枝通道越长、数目越多。当电压升高到 25kV 时，电树枝形态如图 3-12（b）所示。不同电压幅值作用下电树枝形态随拉伸形变的变化趋势相同，但电压幅值较高时电树枝劣化区域增大、通道变长。相关研究指出电树枝形态与电树枝通道内部局部放电过程密切相关，局部放电过程产生的较短放电通道无法破坏电树枝通道前端分子链结构，较长放电通道利于电树枝通道扩展增长。由此可知，拉伸形变导致高分子聚合物绝缘材料内部更易形成强烈的局部放电而促进电树枝生长过程。

电树枝长度是指沿着电场方向最长电树枝通道长度，可以反映电树枝通道沿着电场方向的延伸特性，体现绝缘介质的耐击穿性能。为了全面反映电树枝的破坏行为，采用累积损伤描述电树枝劣化区域的大小，该参数提取电树枝通道覆盖区域平面投影的像素值。图 3-13（a）为拉伸形变与电树枝长度的关系。研究发现，随着拉伸形变升高，电树枝长度增大，说明拉伸形变促进电树枝通道沿着电场方向延伸。图 3-13（b）为拉伸形变与累积损伤的关系。研究发现，拉伸形变升高，累积损伤增加，说明拉伸形变导致高分子聚合物绝缘材料劣化区域增大。不同电压幅值作用下电树枝长度、累积损伤随拉伸形变的变化趋势相同，电压幅值较高时电树枝劣化更为严重。

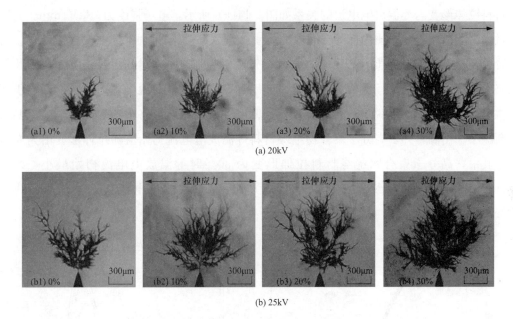

图 3-12　高分子聚合物绝缘材料拉伸形变对电树枝破坏形态的影响

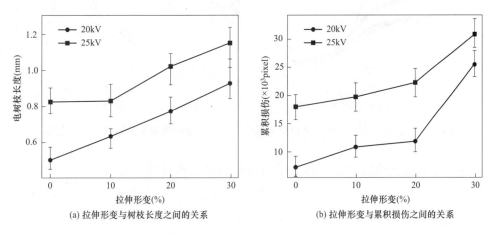

(a) 拉伸形变与树枝长度之间的关系　　(b) 拉伸形变与累积损伤之间的关系

图 3-13　高分子聚合物绝缘材料拉伸形变与电树枝长度和累积损伤的关系

3.2.2　拉伸应力对聚合物绝缘电荷陷阱特性的影响

电荷输运依赖于绝缘介质的陷阱分布特性，其实质就是电荷的注入-抽出、入陷-脱陷过程，与电树枝引发、生长密切相关。一般认为，陷阱电荷相关能量可以分为三部分：

电磁能、局域能、电机械能。机械应力作用下绝缘介质调整物理微观结构，造成陷阱电荷周围局域能、电机械能处于非均衡状态，进而对电荷入陷-脱陷过程产生影响。

等温放电电流法假设不考虑异极性电荷的复合过程，通过测试去极化过程的电流信号便可获得绝缘介质内部陷阱分布特性。采用等温放电电流测试方法，高分子聚合物绝缘材料拉伸形变与等温放电电流的关系如图 3-14(a) 所示，电场强度为 20kV/mm。去极化过程中存贮于绝缘介质内部的空间电荷发生持续入陷-脱陷过程并向两侧电极迁移。初始阶段，存贮于绝缘介质内部浅陷阱电荷首先发生脱陷，脱陷时间短、密度大，因此外电路中产生的放电电流幅值较大；随着时间增加，浅陷阱电荷脱陷基本完毕，存贮于深陷阱电荷开始脱陷，但脱陷时间相对较长且密度小，因此外电路中产生的放电电流幅值逐渐减小。由图可知，高分子聚合物绝缘材料等温放电电流初始值随拉伸形变增大而减小。其中，高分子聚合物绝缘材料拉伸形变为 30% 时等温放电电流初始最小，约为 1.2nA；高分子聚合物绝缘材料拉伸形变为 0% 时等温放电电流初始值最大，约为 3.8nA。

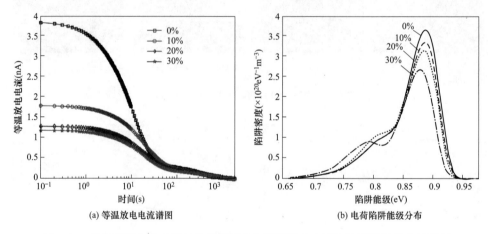

(a) 等温放电电流谱图   (b) 电荷陷阱能级分布

图 3-14 高分子聚合物绝缘材料拉伸形变与等温放电电流和电荷陷阱分布的关系

基于等温放电电流特性获得高分子聚合物绝缘材料拉伸形变与陷阱分布的关系如图 3-14(b) 所示。由图可知，高分子聚合物绝缘材料陷阱分布存在两个明显的峰值，分别代表浅陷阱、深陷阱能级中心，说明试样内部存在两种机理调控电荷输运行为。四组试样的深陷阱能级中心均位于 0.88~0.89eV，浅陷阱能级中心均位于 0.78~0.80eV，表明拉伸形变并没有改变试样陷阱能级中心位置。深陷阱密度随着拉伸形变的增加而降低，拉伸形变为 0% 时高分子聚合物绝缘材料深陷阱能级中心对应的陷阱密度约为 $3.5 \times 10^{20} \, \mathrm{eV^{-1} m^{-3}}$，拉伸形变为 30% 时其深陷阱能级中心对应的陷阱密度约为 $2.5 \times 10^{20} \, \mathrm{eV^{-1} m^{-3}}$。拉伸形变导致高分子聚合物绝缘材料深陷阱能级中心对应的陷阱密度减小，其作用机理可以归结为：拉伸形变下绝缘介质内部自由体积增大，电荷在其内部运动加速获得能量。

3.2.3 压缩应力对聚合物绝缘电树枝破坏的影响

压缩应力作用下高分子聚合物绝缘材料分子链受到挤压作用，相邻分子链间距变小，物理交联作用增强。因此，分子链间的范德华力和静电相互作用密度变大，形成相对稳定结合力，分子链断裂的能量阈值提高。高分子聚合物绝缘材料内部微孔分布特性与压缩应力状态密切相关，分子链间距缩小导致试样内部自由体积被分子链"占据"，自由体积尺寸减小，电子平均自由行程缩短，载流子无法获得足够能量对分子链造成损伤。压缩应力作用下高分子聚合物绝缘材料分子链断裂阈值升高、载流子迁移率降低，使电树枝引发过程延缓。高分子聚合物绝缘材料压缩形变与电树枝引发概率的关系如图 3-15 所示。未压缩高分子聚合物绝缘材料电树枝引发概率为 50%，压缩形变为 30%时电树枝引发概率仅为 30%，压缩形变导致电树枝引发概率明显降低。

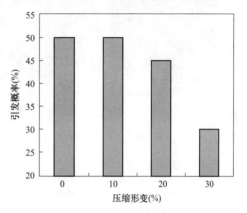

图 3-15 高分子聚合物绝缘材料
压缩形变与电树枝引发概率的关系

高分子聚合物绝缘材料压缩形变与电树枝形态的关系如图 3-16 所示，加压时间为 10min。当电压幅值为 20kV 时，电树枝形态如图 3-16(a) 所示。未压缩试样的电树枝通道相对较长，通道密集且相互交错，劣化区域较大；压缩试样的电树枝通道分布松散、排列无序，主干通道相对较短，压缩形变为 30%时电树枝通道最短、数目最少，劣化区域最小。当电压为 25kV 时，电树枝形态如图 3-16(b) 所示。不同电压幅值作用下电树枝形态随压缩形变的变化趋势相同。根据电树枝形态与电树枝通道内部局部放电的关系，分析可知压缩形变削弱高分子聚合物绝缘材料内部局部放强度而延缓电树枝生长。

拉伸形变下高分子聚合物绝缘材料主要出现丛林状电树枝，压缩形变下其电树枝形态分布较为复杂。高分子聚合物绝缘材料压缩形变与电树枝形态分布的关系如图 3-17 所示。当电压幅值为 20kV 时，压缩形变越大，树枝状电树枝出现概率越高。当压缩形变为 0%时，树枝状、丛林状电树枝出现概率分别为 10%、90%；当压缩形变为 30%时，树枝状、丛林状电树枝出现概率分别为 100%、0%。当电压幅值由 20kV 升高到 25kV 时，电树枝形态分布随压缩形变的变化趋势保持不变，压缩形变作用下树枝状电树枝出现概率较高。

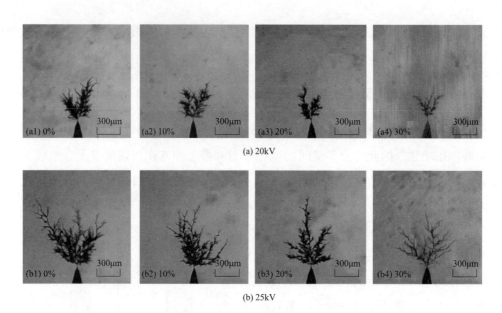

图 3-16　高分子聚合物绝缘材料压缩形变与电树枝形态的关系

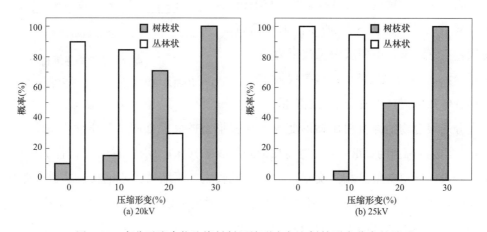

图 3-17　高分子聚合物绝缘材料压缩形变与电树枝形态分布的关系

图 3-18（a）为压缩形变与电树枝长度的关系。研究发现，压缩形变越大导致电树枝长度越小，说明压缩应变能够延缓电树枝通道沿着电场方向延伸。图 3-18（b）为压缩形变与累积损伤的关系。研究发现，累积损伤随压缩形变增大而减小，说明压缩形变使高分子聚合物绝缘材料劣化区域减小。压缩形变与拉伸形变下电树枝变化趋势相反。

3.2.4　压缩应力对聚合物绝缘电荷陷阱特性的影响

高分子聚合物绝缘材料压缩形变与等温放电电流的关系如图 3-19（a）所示，施加电场强度为 15kV/mm。由图可知，高分子聚合物绝缘材料等温放电电流初始值随压缩形变升高而增大。其中，高分子聚合物绝缘材料压缩形变为0%时等温放电电流初始值最小，约为3.6nA；高分子聚合物绝缘材料压缩形变为30%时等温放电电流初始值最大，约为4.2nA。基于等温放电电流特性获得高分子聚合物绝缘材料压缩形变与陷阱分布的关系如图3-19(b)所示。四组试样深陷阱能级中心均位于0.88～0.89eV，浅陷阱能级中心均位于0.79～0.80eV，表明压缩应力并没有改变高分子聚合物绝缘材料陷阱能级中心位置。深陷阱密度随着压缩形变增加而升高，高分子聚合物绝缘材料压缩形变为0%时深陷阱能级中心对应的陷阱密度约为1.2×10^{20} $eV^{-1}m^{-3}$，高分子聚合物绝缘材料压缩形变为30%时深陷阱能级中心对应的陷阱密度约为1.75×10^{20} $eV^{-1}m^{-3}$。浅陷阱密度随着压缩形变的增加逐渐降低，与深陷阱密度变化趋势不同。当压缩形变为0%时，高分子聚合物绝缘材料浅陷阱能级中心对应的陷阱密度约为8.5×10^{19} $eV^{-1}m^{-3}$；当压缩形变为30%时，高分子聚合物绝缘材料浅陷阱能级中心对应的陷阱密度约为7.5×10^{19} $eV^{-1}m^{-3}$。

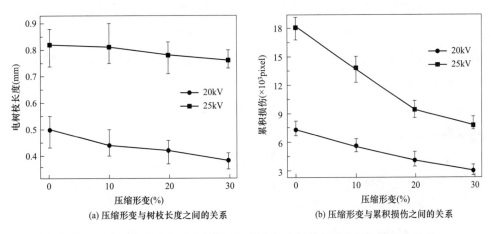

(a) 压缩形变与树枝长度之间的关系　　　(b) 压缩形变与累积损伤之间的关系

图 3-18　高分子聚合物绝缘材料压缩形变与电树枝长度和累积损伤的关系

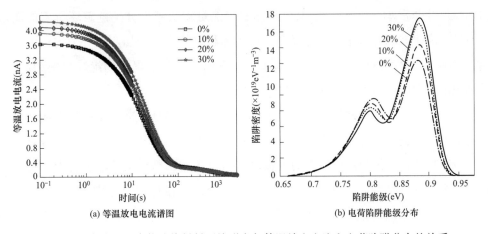

(a) 等温放电电流谱图　　　(b) 电荷陷阱能级分布

图 3-19　高分子聚合物绝缘材料压缩形变与等温放电电流和电荷陷阱分布的关系

压缩形变升高，高分子聚合物绝缘材料深陷阱能级中心对应的陷阱密度增加、浅陷阱能级中心对应的陷阱密度减小，其作用机理可以归结为：压缩形变下绝缘介质内部自由体积减小，电荷在其内部加速获得能量降低，容易被陷阱捕获；另外，压缩形变下绝缘介质分子链间距缩小，分子链间势能增加，电荷传输所需克服的能量势垒升高，被陷阱捕获的概率增大。压缩形变下高分子聚合物绝缘材料内部原来浅陷阱捕获的电荷不易脱陷，因而通过等温放电电流测试推导获得浅陷阱能级中心对应的陷阱密度减小。

3.2.5　机械应力对聚合物绝缘电荷输运与电树枝破坏的影响机理

陷阱理论认为绝缘介质中存在大量的局域态，具有调控电荷输运能力而影响其电导特性、击穿特性。绝缘介质内部陷阱捕获自由电荷，使载流子密度减小、迁移率降低；另一方面，陷阱电荷累积容易形成空间电荷，产生电场强度畸变，影响电荷输运过程。对于针-板电极而言，针尖注入电荷经过若干次散射后即被能级较深的陷阱捕获，从高能态进入低能态，并通过俄歇效应以非辐射共振形式转移能量给另一电子，使之成为热电子。自由电子在绝缘介质自由体积内部加速获得能量并与分子链发生碰撞，使分子链产生损伤甚至断裂而引发电树枝。

根据自由体积击穿理论，电子在自由体积内加速获得能量 W 与电子平均自由程 l_x 的关系可以表示为：

$$W = eE_b l_x \tag{3-7}$$

式中　E_b——自由体积承受的电场强度；

　　　e——单位电荷量。

当 W 超过绝缘介质破坏能量阈值时，电流密度激增发生局部击穿。电子平均自由程与自由体积尺寸密切相关，而后者依赖于绝缘介质聚集形态。聚乙烯等半结晶聚合物的自由体积尺寸非常小（$<1nm$），电子加速获得能量无法越过分子链破坏所需的能量阈值。但是，高于玻璃态转化温度时聚合物自由体积尺寸迅速增加，电子平均自由程最高可达几十纳米，自由体积击穿概率大幅增加。室温下高分子聚合物绝缘材料为高弹态，自由体积击穿理论适用于描述其电树枝劣化行为。

当高分子聚合物绝缘材料受拉伸应力作用时，蜷缩的分子链沿着拉伸方向运动，侧链、端基等分子链段从自由体积"拉出"，相邻较小的自由体积连通、融合形成具有较大电子自由行程的自由体积；拉伸应力继续增加时分子链调整构象，电子自由行程进一步增长，如图 3-20(a) 所示。拉伸应力作用下绝缘介质自由体积尺寸增大，根据式（3-7）可知电子在自由体积内部加速获得能量升高，对分子链造成的损伤加剧而促进高分子聚合物绝缘材料电树枝生长过程。当高分子聚合物绝缘材料受到压缩应力作用时，分子链间距减小，侧链、端基等分子链段相互缠绕，物理交联作用增强，自由体积被分子链段"占据"，分子链段阻断、分离作用下形成尺寸较小的自由体积单元，电子自由行程减小，如图 3-20（b）所示。压缩应力作用下绝缘介质自由体积尺寸减小，根据式（3-7）可知电子在自由体积内部加速获得能量较小，无法对分子链造成有效损伤而延缓高分子聚合物绝缘材料电树枝生长过程。

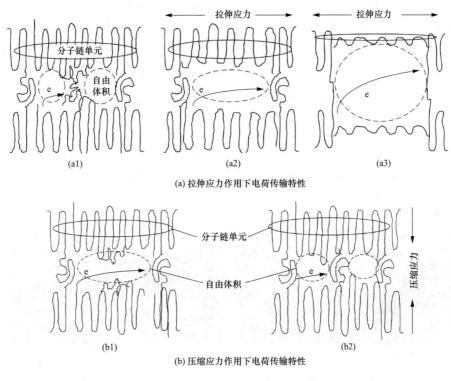

图 3-20　机械应力作用下电荷传输特性

3.3　温度对聚合物绝缘损伤的影响

3.3.1　温度对高分子聚合物绝缘材料自由体积分布的影响

温度作用改变绝缘介质分子链聚集形态，影响其电荷输运与电树枝劣化特性。绝缘介质分子链结构与电导关系密切，分析认为电导电流依赖于分子链间电荷跳跃特性。绝缘介质分子链结构与陷阱分布有关，影响电荷输运与直流击穿特性。玻璃态转化温度影响绝缘介质聚集形态，指非晶态聚合物从玻璃态到高弹态的转变温度，为绝缘介质性能演变的重要转折点。玻璃态转化温度以下，聚合物材料内部自由体积小，分子链排列规则，链段运动困难，可以用作塑料；玻璃态转化温度以上，聚合物材料内部自由体积增大，分子链排列松散，链段运动相对容易，可以用作橡胶。高分子聚合物绝缘材料处于玻璃态转化温度以上，呈现橡胶材料性能。

自由体积存在于分子链间低密度区域，可为分子链运动、电荷传输提供空间，同时影响陷阱分布及绝缘介质击穿特性。采用分子动力学仿真方法获得高分子聚合物绝缘材料自由体积分数与温度的关系如图 3-22 所示。当温度为 303K 时，自由体积尺寸较小、分布均匀；当温度为 393K 时，自由体积尺寸较大、规则性差。高温作用下分子链段构型局部调整，部分孤立的自由体积连通、合并，导致自由体积尺寸变大；分子链段热动能超过其运动所需活化能时，主链段发生扩散运动（微布朗运动），微观上表现为自由体积数量增多或尺寸增大，宏观上表现为聚合物体积膨胀。自由体积尺寸增大导致电子平均自由程变大，电荷在其内部获得能量升高，造成分子链破坏加剧甚至断裂。高分子聚合物绝缘材料自由体积分布与温度的关系如图 3-21 所示。温度较低时，高分子聚合物绝缘材料自由体积分数最小；温度升高，高分子聚合物绝缘材料自由体积分数增大，并逐渐趋于稳定。分析可知，温度升高促使分子链调整构型而改变自由体积分布，影响电荷输运及绝缘破坏过程。

(a) 303K　　(b) 333K　　(c) 363K　　(d) 393K

图 3-21　高分子聚合物绝缘材料自由体积分布与温度的关系

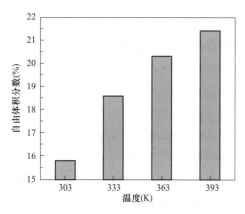

图 3-22　高分子聚合物绝缘材料自由体积分数与温度的关系

3.3.2　温度对高分子聚合物绝缘材料非键作用能的影响

聚烯烃类聚合物通常具有负电子亲和能，表现疏电特性，电子倾向于链间传输，空穴倾向于链内传输。高分子聚合物绝缘材料为聚烯烃类热塑性聚合物，主链乙烯、丙烯无规则排布，具有电子链间传输、空穴链内传输性质。聚合物分子链之间存在范德华、静电等相互作用，打破原子周期性排列的均衡，电子链间传输需要越过一定的能量势垒。分子链间能量与系统非键作用能 E_n 关系密切，可以描述为：

$$E_n = E_{vdw} + E_q \tag{3-8}$$

式中　E_{vdw}——范德华相互作用能；

　　　E_q——静电相互作用能。

通过分子动力学仿真获得高温作用下高分子聚合物绝缘材料非键作用能变化规律，如图 3-23 所示。温度升高导致分子链间距扩大，范德华力、静电相互作用能减小，因而非键作用能随温度升高而降低，说明高温作用下电子传输需要克服的能量势垒降低，能够增强载流子迁移能力。

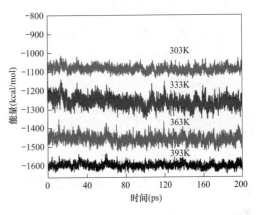

图 3-23　不同温度下高分子聚合物绝缘材料非键作用能与仿真时间之间的关系

图 3-24 为温度作用对分子链结构及电荷传输影响示意图。温度较低时，聚合物分子链间距小，非键作用能大，分子链 a、b 两点中心位置势能作用大，电子穿越该区域时需要克服的能量势垒高；温度较高时，分子链间距大，非键作用能小，分子链 a_1、b_1 两点中心位置势能作用小，电子穿越该区域时电子需要克服的能量势垒低。电子迁移运动可以通过热电子跃迁模型描述，即电子依靠晶格振动获得能量并在热激励作用下越过分子链间能量势垒迁移。陷阱理论认为电子以跳跃方式实现陷阱间传输，热电子跃迁模型下相应载流子迁移率可以描述为：

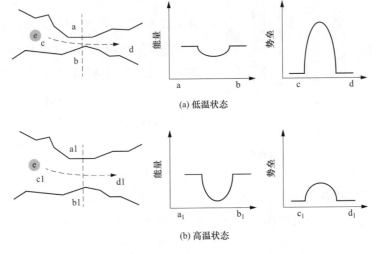

图 3-24　温度作用对分子链结构及电荷传输影响示意图

$$\mu(E) = \frac{2\nu d}{E}\exp\left(-\frac{\Delta f}{k_B T}\right)\sinh\left(\frac{eEd}{2k_B T}\right)$$ (3-9)

式中　ν——晶格振动频率；

$\quad\quad$ d——陷阱间跳跃距离；

$\quad\quad$ k_B——玻尔兹曼常数；

$\quad\quad$ E——载流子所处位置的电场强度；

$\quad\quad$ e——单位电荷；

$\quad\quad$ T——温度。

温度升高，电子热运动获得能量升高，同时分子链间能量势垒降低，因此电子输运过程加快，载流子迁移率升高。

3.4　温度对聚合物绝缘性能的影响

3.4.1　温度对聚合物绝缘电树枝破坏的影响

采用电树枝起始概率测试方法研究了 30～120℃ 不同温度下高分子聚合物绝缘材料电树枝起始特性如图 3-26 所示，电压幅值为 15kV。由图可知，温度为 30℃ 时电树枝的引发概率为 50%，温度为 120℃ 时电树枝的引发概率为 90%，高分子聚合物绝缘材料电树枝引发概率随温度升高而单调上升并逐渐趋于饱和。高温作用能促进高分子聚合物绝缘材料电树枝引发，加速绝缘介质劣化过程。

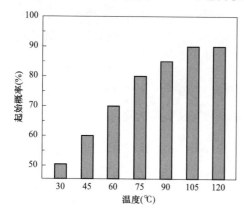

图 3-25　不同温度下高分子聚合物绝缘
材料绝缘电树枝劣化的起始概率

分析认为，室温下高分子聚合物绝缘材料处于高弹态，为无定形聚合物，主链上乙烯和丙烯单体无规则排列，其聚集形态、电气性能与聚乙烯等分子链规则排列形成的半结晶聚合物存在较大差异。温度升高，虽然高分子聚合物绝缘材料整个分子链仍无法自由移动，但分子链热运动已经能够克服内旋转位垒，并通过主链 C—C 单键不断改变构象。高温作用下绝缘介质内部被陷阱捕获的电荷脱陷概率增加，自由电荷数量增多；同时，绝缘介质分子链段活动能力增强，自由体积膨胀，电子平均自由程变大，其在自由体积内部所获得能量增加，电子与分子链碰撞过程中更易引发分子链断裂。

图 3-26 为 30～120℃ 不同温度下高分子聚合物绝缘材料绝缘电树枝的形态特征，电

压施加时间均为 10min，电压幅值为 30kV。当温度为 30℃时，电树枝通道短、分布稀疏，劣化区域小；当温度为 90℃时，电树枝通道最长、分布密集，主干通道周围形成稠密侧枝，劣化区域增大；当温度为 120℃时，电树枝通道呈缩短趋势，劣化区域仍较大。

(a) 30℃　　　　　(b) 60℃　　　　　(c) 90℃　　　　　(d) 120℃

图 3-26　不同温度下高分子聚合物绝缘材料电树枝的形态特征

实验发现，相同温度、电压条件下，加压相同时间后电树枝形态并不单一，可以分为树枝状和丛林状。环境温度与高分子聚合物绝缘材料电树枝形态分布的关系如图 3-27（a）所示。当温度为 30℃时，树枝状电树枝概率较高为 85%，丛林状电树枝概率为 15%；当温度为 60℃时，树枝状电树枝概率为 45%，丛林状电树枝概率为 55%；当温度为 120℃时，树枝状电树枝概率为 0%，丛林状电树枝概率高达 100%。高温作用下高分子聚合物绝缘材料局部分子链段松弛、机械性能降低，利于针尖周围产生新电树枝通道；同时，高温作用对高分子聚合物绝缘材料具有软化作用，较低局部放电能量便足以引起电树枝通道内壁破坏，引发侧枝生长。因此，高温作用下高分子聚合物绝缘材料容易形成稠密的丛林状电树枝。

环境温度与高分子聚合物绝缘材料电树枝长度的关系如图 3-27（b）所示。由图可知，电树枝通道长度随着温度升高而增大，温度为 90℃时电树枝长度达到最大值，温度升高到 120℃时电树枝通道长度反而减小。分析认为，温度为 120℃时丛林状电树枝出现概率增大，但其通道长度较短导致试样平均长度降低。对于高压直流电缆附件而言，温度升高导致电树枝通道变长、劣化区域增大而降低其绝缘可靠性水平。

3.4.2　温度对聚合物绝缘表面电荷积聚与衰减特性的影响

采用等温表面电位衰减（ISPD）实验可表征聚合物绝缘表面电荷积聚与衰减特性。ISPD 测试系统包括直流电源、针-栅-板电极系统、Kelvin 型振动式探头、表面电位计、恒温恒湿箱和温度控制器（含加热片）等，测试装置如图 3-28 所示。高压直流电源由东文高压电源（天津）股份有限公司生产，正、负直流电源的额定电压输出范围均为 0～30kV。Kelvin 型振动式探头型号为 TREK-6000B-5C，TREK 型表面电位计型号为

TREK MODEL 347-3HCE，温度控制器具有 PID 控温功能，最高温度可达 300℃，精度为±1℃。高压直流电源连续可调，通过保护电阻分别与针电极、栅电极相连，针电极直径为 1mm、尖端曲率半径为 15μm。采用电晕放电方式对试样进行充电，针电极尖端距栅电极的垂直距离为 5mm，栅电极距试样表面的垂直距离为 5mm。电晕放电充电时间为 5min，充电完成后将试样、温度控制器测试单元移动到 Kelvin 型振动式探头下方，两者之间的垂直距离为 3mm，测试记录时间为 30min。实验在恒温恒湿箱内进行，以消除湿度差异对表面电荷衰减过程的影响，湿度保持为 30%。调节温度控制器保持温度为 30、60、90、120℃，以获得不同温度作用下陷阱分布特征。

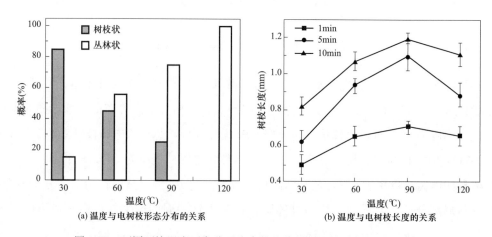

(a) 温度与电树枝形态分布的关系   (b) 温度与电树枝长度的关系

图 3-27   不同环境温度下高分子聚合物绝缘材料绝缘电树枝劣化特性

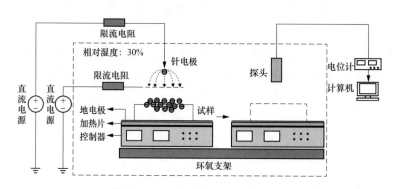

图 3-28   不同环境温度下高分子聚合物绝缘材料绝缘 ISPD 实验装置图

电晕放电充电阶段，针电极电晕放电形成的离子电荷等最终沉积到试样表面，通过交换过程进入试样内部，并填充绝缘介质内部电荷陷阱；电晕放电充电结束后，电场作用及电荷热振动作用下陷阱电荷脱陷，向地电极迁移而造成表面电位衰减。图 3-29 为不同温度作用下高分子聚合物绝缘材料的表面电荷积聚与衰减特性。不同温度作用下试样表面电位均随时间增加而减小，可分为两个阶段：表面电位衰减初期试样承受的电场强度大，电荷能量高，同时浅陷阱能级捕获电荷脱陷时间短，大量电荷向地电极方向迁移造成表面电位衰减速度较快；随着表面电位衰减，试样承受电场强度降低，电荷能量减小，同时深陷阱能级捕获电荷脱陷时间较长，向地电极方向迁移电荷数量减少造成表面电位衰减速度较慢。

另外，对比图 3-29(a)、(b)，可以发现电晕电压、栅极电压升高，表面电位衰减趋势不变，但表面电位初始值增大。高电场强度作用下针电极电晕更为剧烈，产生的离子电荷等更容易向试样表面迁移，试样内部陷阱电荷数量增加，导致高电场作用下试样表面电位升高。

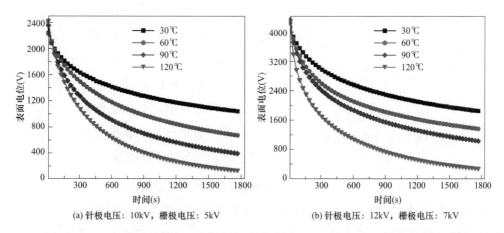

(a) 针极电压：10kV，栅极电压：5kV   (b) 针极电压：12kV，栅极电压：7kV

图 3-29　不同环境温度下高分子聚合物绝缘材料绝缘表面电荷积聚与衰减特性

3.4.3　温度对聚合物绝缘电荷陷阱特性的影响

温度作用下高分子聚合物绝缘材料调整分子链构型改变试样内部陷阱分布，影响电荷传输特性。图 3-30 为高分子聚合物绝缘材料等温放电电流与温度的关系。不同温度作用下等温放电电流衰减趋势相似，去极化初期衰减速度较快而后期衰减速度较慢。分析认为去极化后期浅陷阱电荷基本脱陷完毕，试样内部剩下难以脱陷的深陷阱电荷，因而随着时间增加等温放电电流衰减速度逐渐减小。高温作用下注入试样内部电荷数目增多，电荷密度增大，去极化初期阶段等温放电电流初始值较大。温度为 30℃ 时，等温放电电流初始值最

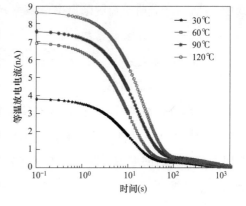

图 3-30　高分子聚合物绝缘材料等温放电电流环境与温度的关系

小，约为 3.8nA；温度为 120℃时，等温放电电流初始值最大，约为 8.7nA。同时，高温作用下陷阱电荷获得能量高、滞留时间短，试样内部陷阱电荷迅速脱陷，经过若干次散射到达两侧电极，造成等温放电电流衰减速度较快。

基于等温放电电流特性获得高分子聚合物绝缘材料电荷陷阱分布与环境温度的关系如

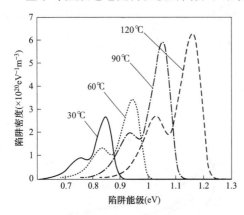

图 3-31　高分子聚合物绝缘材料电荷
陷阱分布与环境温度的关系

图 3-31 所示。研究发现，温度升高，深陷阱能级中心位置增大，对应的陷阱密度升高。温度为 30℃时，深陷阱能级中心位于 0.88eV，对应的陷阱密度为 2.7×10^{20} $eV^{-1} m^{-3}$；当温度为 120℃时，深陷阱能级中心位于 1.16eV，对应的陷阱密度为 6.3×10^{20} $eV^{-1} m^{-3}$，达到最大值。高温作用下绝缘介质分子链运动能力增强，载流子活化能增大，热-电耦合场作用下深陷阱电荷容易脱陷。因此，温度升高时高分子聚合物绝缘材料深陷阱能级中心位置增大，对应的陷阱密度增加。高温作用下深陷阱电荷脱陷造成载流子密度增加，容易对绝缘介质分子链造成破坏。

陷阱势垒与捕获中心半径有关，捕获中心半径增大导致陷阱势垒降低，陷阱电荷脱陷时间缩短。温度升高，分子链间局域能分散性增大形成的捕获中心半径增大，陷阱电荷脱陷时间减小。温度作用下电荷陷阱能级 E_i 与电荷滞留时间 τ 可以描述为：

$$\tau = \frac{1}{\Gamma_{AB}} \tag{3-10}$$

$$\Gamma_{AB} = \nu_0 \exp(-E_i / k_B T) \tag{3-11}$$

式中　Γ_{AB}——陷阱电荷脱陷概率；

　　　k_B——玻尔兹曼常数；

　　　T——温度；

　　　ν_0——逃逸频率。

分子聚合物绝缘材料物理微观结构可知，温度升高使得绝缘介质自由体积增大，分子链间距离增大、势能减小，脱陷电荷传输过程中重新被陷阱捕获的概率降低，表现为陷阱电荷脱陷时间缩短。温度作用下高分子聚合物绝缘材料电荷陷阱能级与电荷滞留时间的关系如图 3-32 所示。温度升高，同一陷阱能级捕获电荷脱陷时间缩短，相同时间内深陷阱能级捕获电荷可以脱陷。因此，温度升高时通过等温放电电流法推导的陷阱能级中心位置增大。

3.4.4 温度对聚合物绝缘电荷输运与电树枝劣化的影响机理

温度作用改变高分子聚合物绝缘材料物理微观结构，影响分子链结构及机械性能。室温条件下高分子聚合物绝缘材料处于高弹态，具有良好的热稳定性和机械性能。高温条件下高分子聚合物绝缘材料分子链运动能力增强，容易克服内旋转位垒，并通过主链 C—C 单键不断改变构象，产生局部链段松弛，自由体积增

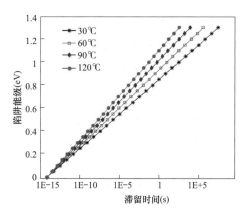

图 3-32　不同温度下高分子聚合物绝缘材料绝缘陷阱能级与电荷滞留时间的关系

大，宏观表现为弹性模量和撕裂强度降低；同时，高温作用下分子链段位移增大，麦克斯韦电-机械应力导致分子链更易产生机械疲劳而发生断裂。因此，温度升高，高分子聚合物绝缘材料电树枝引发概率升高，生长速度加快。

温度作用下聚合物调整分子链构象，改变陷阱分布，影响电荷注入与输运过程。温度较低时，注入电荷密度较低，部分注入电荷被陷阱捕获，形成同极性电荷积聚，削弱针尖与聚合物界面区域的电场强度，造成注入电荷减少，试样内部载流子密度较小；温度较高时，注入电荷密度较高，电荷能量高被陷阱捕获概率较小，试样内部载流子密度较大。温度较低时，陷阱电荷滞留时间相对较长，电荷脱陷概率较低；温度较高时，陷阱电荷滞留时间相对较短，电荷脱陷概率较高，电荷入陷-脱陷释放能量持续增加并不断累积，对分子链结构破坏作用加剧。另外，温度较低时分子链间距较小，电子平均自由程较短，载流子迁移率较低，碰撞电离作用弱；温度较高时分子链主链段发生扩散运动（微布朗运动），造成分子链间距扩大，电子平均自由程升高，载流子迁移率增大，碰撞电离作用强。高温作用改变高分子聚合物绝缘材料物理结构，使电树枝生长的能量阈值降低；同时增加试样内部载流子密度，提高载流子迁移率，促进载流子迁移过程而加速电树枝劣化过程。

3.5　电缆护套绝缘自修复理论

基于上述研究获得了电缆护套绝缘在热-机械应力作用下的损伤机理，首次建立了拉伸/压缩热、机械应力、温度对聚合物绝缘自由体积与分子内聚能的影响机理模型。拉伸应力和高温下电缆护套绝缘材料自由体积增大，分子内聚能降低，导致多物理场下绝缘

产生损伤的能量阈值减小；同时，拉伸应力下绝缘护套分子链间距增大，使电荷在其内部输运获得能量升高，电荷传输所需克服的能量势垒降低，深陷阱密度减小，电荷捕获能力减弱，因而加速绝缘劣化和破坏过程。反之，压缩应力作用与低温环境下，电缆护套绝缘材料自由体积分数减小，内聚能密度升高，分子间范德华与静电相互作用能升高，绝缘损伤需要克服的能量阈值增大，从而抑制绝缘损伤过程。本项目通过主客体包合超分子作用力实现对损伤的自修复，以下通过分子动力学原理解释自修复的机理。

3.5.1　分子模型构建

基于 Materials Studio 2020（BIOVIA）分子动力学仿真软件 Visualizer 模块建立 β-

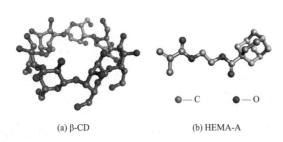

(a) β-CD　　(b) HEMA-A

图 3-33　分子模型结构

环糊精（β-Cyclodextrin，β-CD）与金刚烷丙烯酸酯（Hydroxyethyl Methacrylate-Adamantane，HEMA-Ad）分子结构模型，如图 3-33 所示。分别对两种分子基于 Forcite 模块 COMPASS Ⅲ 力场进行几何优化（Geometry Optimization）与退火处理（Anneal），以消除分子局部应力使其达到能量极小值，并分别计算了能量特征，如表 3-2 所示。

表 3-2　分子模型结构信息

名称	β-环糊精	金刚烷丙烯酸酯
缩写	β-CD	HEMA-Ad
分子式	$C_{42}H_{70}O_{35}$	$C_{18}H_{26}O_4$
相对分子量	1134.99	306.402
分子能量（kcal/mol）	264.73	−5.06
∟键能（kcal/mol）	−69.68	−49.73
∟非键能（kcal/mol）	334.41	44.67
∟范德华能（kcal/mol）	21.56	9.77
∟静电能（kcal/mol）	312.85	34.90

3.5.2　主客体自组装结构吸附过程

基于 Adsorption Locator 模块 COMPASS Ⅲ 力场对上述建立的 β-CD 和 HEMA-Ad 进行吸附过程的分子动力学仿真计算，目的在于模拟自组装体 HEMA-Ad/Poly-CD 吸附配位过程。经过时长 50ps 吸附过程，吸附体系能量满足收敛判据，可认为主客体自组装体吸附过程已经完成。具体吸附过程如图 3-34 所示。基于 Forcite 模块 COMPASSⅢ力场对自组装体 HEMA-Ad/Poly-CD 的能量收敛过程与稳态的径向分布函数进行计算，如图 3-35 所示。由图 3-35（a）可见，自组装体系的能量收敛于 258.24kcal/mol。图 3-35（b）分别展示了 HEMA-Ad、β-CD 和 HEMA-Ad/Poly-CD 的径向分布函数，可见 HEMA-Ad 分子中的金刚烷碳骨架和甲基丙烯酸羟乙酯特征峰值，同时可见 β-CD 分子中的吡喃葡萄糖苷单体特征峰值。对于自组装体 HEMA-Ad/Poly-CD 的径向分布函数，在 $r=5.81$Å 处取得极大值，说明自组装体中的主客体在统计上具有平均 5.81Å 的距离。

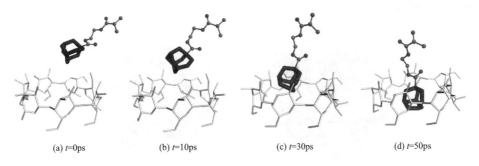

(a) t=0ps　　　　(b) t=10ps　　　　(c) t=30ps　　　　(d) t=50ps

图 3-34　自组装体 HEMA-Ad/Poly-CD 吸附过程

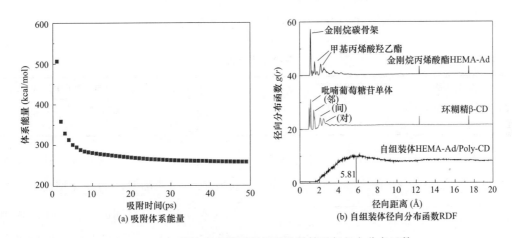

(a) 吸附体系能量　　　　(b) 自组装体径向分布函数RDF

图 3-35　自组装体系吸附过程能量收敛情况与径向分布函数

3.5.3　自组装体 HEMA-Ad/Poly-CD 分子动力学特性

基于 Amorphous Cell 模块建立了上述吸附过程得到的自组装体 HEMA-Ad/Poly-CD 分子体系，其中周期单元内放置 5 个自组装体分子。基于 Forcite 模块进行了分子动力学仿真计算，具体方法为：首先采用 NPT 系综对体系进行充分弛豫，时长 100ps，压力 $1.0×10^{-4}$GPa，温度 298.0K，采用 NHL 方法控制温度，采用 Berendsen 方法控制压力；随后再采用 NVT 系综对体系进行时长 500ps 的分子动力学仿真，温度 298.0K，采用 NHL 方法控制温度。另外，同样基于上述方法建立了 HEMA-Ad 分子体系作为对照组。分子动力学仿真参数与上述参数保持一致。

基于 Atom Volumes & Surfaces 功能计算了 Connolly Surface，以此得到了 HEMA-Ad/Poly-CD 体系和 HEMA-Ad 体系的自由体积（Free Volume，FV）与自由体积分数（Fractional Free Volume，FFV），如图 3-36 和表 3-3 所示。HEMA-Ad/Poly-CD 体系和 HEMA-Ad 体系自由体积分数分别为 34.01% 和 34.27%，因此说明两种体系具有相似的自由体积分布情况。

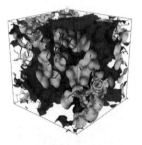 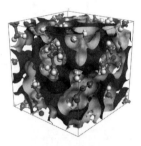

(a) 自组装体HEMA-Ad/Poly-CD   (b) HEMA-Ad

图 3-36　分子体系内自由体积分布情况

表 3-3   **自由体积分数**

分子体系	自由体积（Å^3）	总体积（Å^3）	自由体积分数（%）
HEMA-Ad/Poly-CD	3391.1	6581.75	34.01
HEMA-Ad	775.18	1486.72	34.27

基于 Forcite 模块 COMPASS Ⅲ 力场计算了自组装体 HEMA-Ad/Poly-CD 体系能量及其主客体之间的相互作用能。图 3-37 为主客体相互作用能随时间的变化情况，可见 HEMA-Ad 与 β-CD 之间的相互作用能由范德华能作为主导，另外有少量的静电能分量。选取仿真最后 50ps 作为稳态计算体系能量分量及相互作用能平均值，如表 3-4 所示。可见自组装体系中主客体之间存在 −47.939kcal/mol 相互作用能，其相互作用能量小于 0 表示了两者之间存在结合能，具有相互吸引的趋势。相互作用能完全由非键能构成，其中范德华能为 −43.561kcal/mol，占据了相互作用能的 90.87%；而构成相互

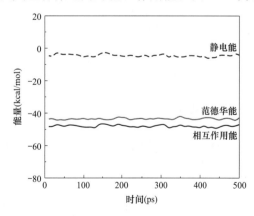

图 3-37　HEMA-Ad/Poly-CD 体系
能量及其相互作用能

作用能的另一分量静电能仅有－4.378kcal/mol。

表 3-4 自组装体 HEMA-Ad/Poly-CD 体系能量分量及相互作用能 （单位：kcal/mol）

能量	自组装体系	HEMA-Ad	β-CD	相互作用能
总能量	337.366	42.863	342.442	－47.939
└价键能（对角项）	107.894	0.189	107.705	0
└价键能（交叉项）	－48.744	－5.283	－43.461	0
└非键能	278.216	47.957	278.198	－47.939
└范德华能	－21.841	13.653	8.067	－43.561
└静电能	300.057	34.304	270.131	－4.378

基于 Forcite 模块 COMPASS Ⅲ 力场计算了 HEMA-Ad/Poly-CD 和 HEMA-Ad 体系的内聚能密度并以此得到两个体系的溶解度参数。溶解度参数的大小描述了粒子体系的相容性，其值越大表示体系相容性越良好。图 3-38 表示了 500ps 仿真时间内两种体系的内聚能密度变化情况，并选取最后 50ps 作为统计稳态体系计算平均内聚能密度与溶解度参数，在表 3-5 中列出。由此可见，相较于单一的 HEMA-Ad 体系溶解度参数 $19.13 \mathrm{cal}^{1/2} \cdot \mathrm{cm}^{-3/2}$，自组装体 HEMA-Ad/Poly-CD 体系溶解度参数提高至

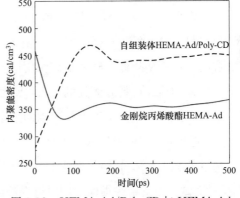

图 3-38 HEMA-Ad/Poly-CD 与 HEMA-Ad 体系的内聚能密度

$21.22 \mathrm{cal}^{1/2} \cdot \mathrm{cm}^{-3/2}$，说明自组装体 HEMA-Ad/Poly-CD 体系的相容性提升，有助于自组装体稳定存在。

表 3-5 分子体系的内聚能密度与溶解度参数

分子体系	内聚能密度 CED（cal·cm^{-3}）	溶解度参数 δ（cal$^{1/2}$·cm$^{-3/2}$）
HEMA-Ad/Poly-CD	450.37	21.22
HEMA-Ad	366.11	19.13

3.6 本 章 小 结

本章研究了电缆护套绝缘在热-机械应力耦合作用下的损伤机理，首次建立了热、机械应力对聚合物绝缘自由体积与分子内聚能的影响模型，提出了基于"卯榫"式主客体超分子结构的聚合物分子内聚能调控与绝缘自修复方法，为热-机械应力耦合作用下电缆

护套绝缘损伤自修复奠定了理论基础。主要结论如下：

1）发现随着拉伸形变增大，电缆护套绝缘电树枝劣化引发概率提高、通道增长、累积损伤增加；压缩形变使电树枝生长特性呈现相反趋势。机械应力作用下高分子聚合物绝缘材料物理微观结构、电荷输运特性是影响电树枝劣化的重要因素。拉伸应力下高分子聚合物绝缘材料自由体积增大使电荷在其内部输运获得能量升高，内聚能降低导致电树枝引发的能量阈值减小；同时，拉伸应力下高分子聚合物绝缘材料分子链间距增大，电荷传输所需克服的能量势垒降低，深陷阱密度减小，电荷捕获能力减弱，因而对电树枝生长具有促进作用。压缩应力与拉伸应力作用下自由体积、内聚能、陷阱分布变化趋势相反，因而对电树枝生长具有延缓作用。

2）发现随着环境温度升高，电缆护套绝缘电树枝劣化加剧，由 30℃ 变为 120℃ 时电树枝的引发概率升高 40%，丛林状电树枝出现概率提高 85%；高温作用造成高分子聚合物绝缘材料主链段发生扩散运动，自由体积尺寸增加，分子链间势能降低，电荷传输所需克服的能量势垒降低，碰撞电离作用增强而易造成分子链断裂；同时高温作用下电极/高分子聚合物绝缘材料界面处的注入电荷数量增多，且电-热耦合场使深陷阱电荷容易脱陷，试样内部自由电荷密度增加，因而加剧高分子聚合物绝缘材料电树枝劣化过程。

3）提出基于"卯榫"式主客体超分子结构的聚合物分子内聚能调控与绝缘自修复方法，通过形成主客体分子的物理交联网络增强电缆护套绝缘材料分子间相互作用力，抑制在热-机械应力下绝缘损伤；同时电缆绝缘护套出现损伤后，通过主客体物理交联作用实现损伤自修复过程。

4 电缆绝缘护套损伤定位技术

4.1 电缆损伤定位技术分类与发展状况

外护套属于电缆的最外层，随着运行年限增长、外界条件恶劣、大规模基建开挖，造成外护套破损逐年增加，一旦破损，一方面使金属护套（或者金属屏蔽层）形成接地回路，从而使护套发热降低载流量，另一方面由于潮气和水分进入，将会在短时间绝缘击穿造成停电事故。电缆故障定位技术按查找步骤分为：①测距：在电缆的一端使用仪器确定电缆故障点的距离；②精确定点：精确定位故障点；③电缆识别：确定故障电缆。

电力电缆的故障定位在国内外开发出了一些方法，这些方法主要分为阻抗法和行波法两类，较经典的阻抗法是直流电桥法，是使用历史最长的电缆故障测寻方法。在电缆故障测试技术迅速发展，涌现出各种新型测试方法和测试设备的情况下，电桥法在测寻单相接地和相间短路等电缆故障方面，仍有使用方便和精确度较高的优点。行波故障测距是根据电压和电流行波在线路有固定的传播速度（电缆中波速约为 $160\sim220m/\mu s$）这一特点，提出了行波故障测距方法，脉冲电压法是 20 世纪 70 年代发展起来的用于测量高阻与闪络故障的方法，而脉冲电流法是 20 世纪 80 年代发展起来的一种测试方法，与脉冲电压法相似。近几年，随着信号处理技术的发展及应用，在行波法的基础上，国内外学者提出了一些新的电缆故障定位方法：①利用故障时的浪涌信号进行故障测距；②利用分布式光纤温度传感器进行故障定位；③根据线路功率平衡的单端测距；④利用故障点放电声波定位；⑤音频感应法一般用于探测故障电阻小于 10Ω 的低阻故障，通过接收的音频感应信号定位等。

目前国外一些公司将计算机技术引入电缆故障定位系统中，将电缆的运行管理、故障测试及地理信息系统（GIS）结合起来。在 GIS 中输入各电缆的资料信息，在故障测试时，将测试结果与 GIS 数据库相连，仪器所测的故障点位置自动在 GIS 系统中显示，GIS 将通过全球定位系统（GPS）将故障点位置与实际位置对应起来实现故障自动定位，这种方法能大大缩短故障处理的时间，但是需要完善的基础资料和软硬件支持。结合

GIS 与 GPS 技术，对电缆故障自动定位及运行状态的监控是一种发展趋势。

4.2 测距定位技术

4.2.1 高压电桥法

电桥法是根据惠斯通电桥原理进行测量的，线路的连接方法见图 4-1，将故障电缆连接在电桥的 R_3 臂的端子上，而性能良好的另一根电缆连接在电桥的 R_4 臂的端子上。

从良好相跨接线到故障点的线路电阻等值测量臂的 R_1，而从 A 到故障点等值测量臂的 R_2，等值电路见图 4-2。

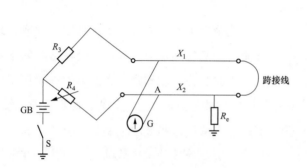

图 4-1 电桥测量法的连接方法

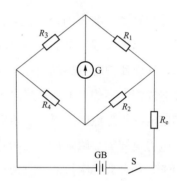

图 4-2 电桥法的等值电路图

调节 R_4，当检流器 G 的指示为 0 时，电桥达到平衡，参比臂与测量臂的电阻比相当。

$$\frac{R_3}{R_4}=\frac{R_1}{R_2} \tag{4-1}$$

$$\frac{R_3}{R_4}=\frac{\rho\dfrac{2l-l_x}{s}}{\rho\dfrac{l_x}{s}} \tag{4-2}$$

解式 2，得到 A 点到故障点距离 l_x 为：

$$l_x=\frac{R_4}{R_3+R_4}\times 2l \tag{4-3}$$

电阻电桥法对故障点进行测距，而对于断线击穿，则采用电容电桥。当电缆发生开路性质的故障时，由于直流的电阻电桥法测量桥臂不能构成回路，所以电阻电桥法将不能完成测距，此时采用电容电桥法即可。电容电桥法的连接原理图同电阻电桥法大致一样，只是将直流电源换为了 50Hz 的交流电源，检流计换成了交流毫伏表，其他同电阻电桥法一样。这里调节 R_2，同样可以使毫伏表检测为零，达到电桥平衡状态，从而计算出故障点距离。在采用电容电桥法时需要注意的是，故障电缆的故障点绝缘电阻不能小于 1MΩ，否则会造成极大的误差，甚至测距失败。

电桥法测量结果准确，但需要完好的非故障相作为测量回路，此外，试验电压不能过高。电桥法故障定位原理简单，测量精度较高，但只适用几种特定类型的故障，对于高阻故障，电桥法失效。由于施加电压较低，在高阻故障下，电桥中流过的电流很小，对电流计的测量精度提出了很高的要求，当精度不够时则容易造成定位不准。此外，由于城市内条件限制，大部分电缆线路都是多回路同路径敷设，相互间都有感应电压，当线路较长和感应电压较高时，采用双臂电桥无法调试平衡而无法进行测试，这时应更换抗感应电压较高的电桥。

4.2.2　脉冲法

脉冲反射法进行电缆故障粗测的基本原理是在电缆芯上加一脉冲电压，在线路的一端通过分压装置或自然耦合接上示波器或数字式探测器，以测量脉冲波在电缆内的传播和反射时间，然后根据波在电缆内部的传播速度算出故障的距离。这种方法对于低阻接地、高阻接地、断线和闪络性故障均可应用，因此近年来在电缆故障探测上有了很大的发展。见图 4-3 设线路 SN 中点 F 于 t_0 时刻发生故障，同时产生向线路两端传播的初始行波，初始波头到达线路两端的时间分别为 t_S 和 t_N，若线

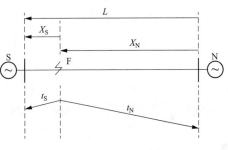

图 4-3　双端故障定位原理

路 SF 的距离为 X_S，线路总长为 L，且相比于 S 端，故障点 F 距离 N 端较远，则有：

$$X_S = \frac{L + v(t_N - t_S)}{2} \tag{4-4}$$

式中　X_S——故障点 F 到 S 端的距离，m；

　　　L——线路总长，m；

　　　t_S——脉冲波从故障点 F 到 S 端传输时间；

　　　t_N——脉冲波从故障点 F 到 N 端传输时间；

　　　v——脉冲波传输速度，m/μs。

脉冲波沿电缆内部传播的速度可用下式表示：

$$v = 1/\sqrt{L_0 C_0} \tag{4-5}$$

式中　L_0——电缆单位长度电感；

　　　C_0——电缆单位长度电容。

受外界环境因素的影响（如湿度、温度等），同一段线路在不同时期 L_0 和 C_0 参数也是有一定改变，以及采样时钟的同步误差和故障行波波头的提取误差等原因影响，双端法定位存在一定误差。传统双端行波法的基础上进行了改进，在线路中间某位置增加了

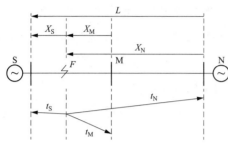

一个测量点，利用多测量点的优势，推导出一种不含线路参数的新算法，提高检测准确度。多端故障定位原理如图 4-4 所示。

图 4-4 多端故障定位原理

$$\begin{cases} X_S = v(t_N - t_0) \\ X_M = v(t_M - t_0) \\ X_N = v(t_N - t_0) \\ L = X_N + X_S \end{cases} \tag{4-6}$$

式中　　　　v——脉冲波传输速度，$m/\mu s$；

　X_S，X_M，X_N——初始行波到达测点 S、M、N 的距离；

　　t_S，t_M，t_N——行波到故障点与各个测量点传播时间。

对式（4-6）解方程可得：

$$X_S = \frac{L}{2} - \frac{X_{MN}(t_M - t_S)}{2(t_M - t_N)} \tag{4-7}$$

式中　X_{MN}——测点 M 和 N 之间的距离。

若故障点出现在线路 MN 处，同理可得：

$$X_N = \frac{L}{2} - \frac{X_{SM}(t_S - t_M)}{2(t_S - t_N)} \tag{4-8}$$

1. 低压脉冲法

低压脉冲反射技术又称为雷达技术。应用在供电电缆的低阻值故障或者断路故障的距离测定中。以上技术相对简单，观察故障反射位置脉冲和发射脉冲时间差值可以实现测距。不同故障类型会有自身的波形特点，若反射脉冲为正极性，回波脉冲也是正极，表明存在开路故障；若脉冲波形为负极性，则出现低阻故障。低压脉冲测距波形分析图如图 4-5 所示。

当电缆发生开路故障时，故障等效阻抗为故障电阻与电缆特性阻抗的串联，开路即相当于故障电阻为无穷大，这种情况入射脉冲将形成全反射，在测试端产生同极性反射脉冲，接收到同极性的脉冲的上升沿与故障点的反射波形对应。低压脉冲反射法测试接线简单，如图 4-6 所示。

故障点与测试点的距离计算：

$$L = \frac{v \Delta t}{2} \tag{4-9}$$

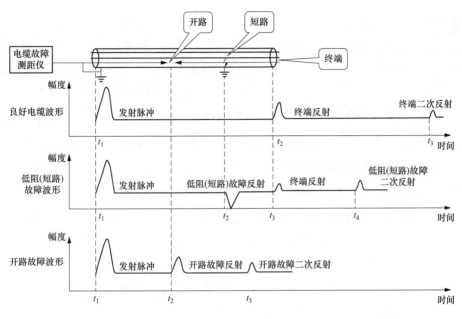

图 4-5　低压脉冲法示意图

式中　v——脉冲波传输速度，m/μs；

　　　Δt——发射脉冲波与反射脉冲波的时间差，

　　　μs。

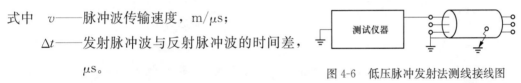

图 4-6　低压脉冲发射法测线接线图

2. 直流高压闪络法

直流高压闪络法简称直闪法，用于测试高阻闪络故障，高压试验设备把电压升到一定值时一般会产生闪络击穿。根据取样脉冲的不同，分为电压取样直闪法和电流取样直闪法，以前者为例，其接线原理如图 4-7 所示。

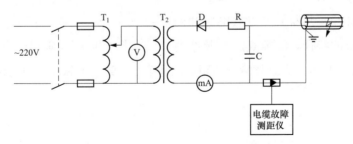

图 4-7　直流高压闪络测试接线图

直闪法获得的波形简单、容易理解，直接闪络典型波形如图 4-8，图中的故障距离是指故障点的放电脉冲和反射脉冲之间的距离。

有些故障点在几次闪络放电之后，因故障点电阻下降，以致不能再用直闪法测试，所以在实际工作中注意保存能够进行直闪测试所得的波形。

81

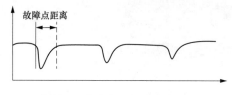

图 4-8　直流高压闪络法波形图

3. 冲击高压闪络法

冲击高压闪络法适用于直闪法不易测试的泄漏性高阻故障，也可对闪络性高阻故障进行测试。对泄漏性高阻故障，如果采用直流高压闪络法，因直流泄漏电流比较大，电压有很大一部分加到了高压试验设备的内阻上，而电缆上施加的电压很小，因此故障点不易形成闪络，也就得不到故障波形。冲击高压闪络法与直流高压闪络法的接线方法基本相同，也有脉冲电压和脉冲电流 2 种取样方法，不同的是在储能电容与电缆之间串入一球形间隙 G，球形间隙 G 串入有效保证了电压的分配，接线原理图如图 4-9 所示。

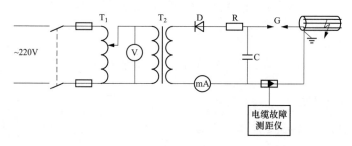

图 4-9　冲击高压闪络法接线原理图

当电容上电压足够高时，球形间隙被击穿，电容就会对电缆放电，得到故障波形，这一过程相当于把直流电源电压突然加到电缆上。冲闪法的波形（见图 4-10），有三个电流，分别是电容放电脉冲、故障点放电脉冲和故障点返回脉冲。判断故障点放电脉冲的方法是观察波形的特征，故障点放电脉冲的

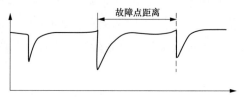

图 4-10　冲击高压闪络法波形图

波形最陡峭、变化幅度最大，故障点的距离就是第二和第三个脉冲之间的距离。

4. 二次脉冲法

二次脉冲法又称高压弧反射法，二次脉冲法的实施建立在高压信号发生器与二次脉冲信号耦合器的基础上，通过对故障电缆测试端输入一定电压等级和能量的高压脉冲，使电缆的高阻故障点发生击穿燃弧，然后将低压脉冲也输入故障电缆测试端，在低压脉冲与高阻故障点的电弧相遇后发生反射，形成波形图，从而对电缆故障点发生的位置进行测距。采用二次脉冲法测量前需要对电缆故障点进行烧穿，其烧穿的接线如图 4-11 所示。

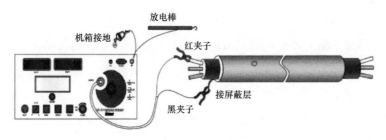

图 4-11 设备烧穿接线示意

二次脉冲法接线见图 4-12，在故障点起弧的瞬间发射 1 次低压脉冲，该脉冲在故障点发生短路反射。电弧熄灭后，再发射 1 次低压脉冲，通过故障处直达电缆末端并发生开路反射。比较 2 次低压脉冲测得的波形，并对准起始点，可以发现：电缆故障点前的波形重叠很好，故障回波拐点后的波形明显离散，不再重叠，起始波形和回波拐点之间的距离即为故障距离，见图 4-13，开始发散的位置即为故障点，因此，可以根据波形发散位置来定位电缆故障点的距离。

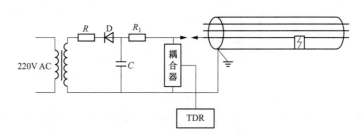

图 4-12 二次脉冲法接线图

二次脉冲法在测试过程，需注意的问题：

1) 在对故障进行定位之前，先对故障线路的资料进行查阅，了解电缆线路长度、电缆材料、中间接头位置等；

2) 为确保二次脉冲能够顺利采集到故障波形，二次脉冲的冲击电压一定要高，保证故障点绝缘被充分击穿，但是又不能过度损害其他绝缘，这就需要根据测试和实际情况进行设定；

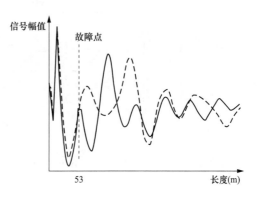

图 4-13 二次脉冲法故障测距波形

3) 若应用二次脉冲法进行测距后，波形图没有故障反射波形，可重复进行测试或者换用其他方法进行测距，可能是由于故障点距离测试端头较近（距离小于 35m），这时就无法应用二次脉冲法进行测距，而若故障点距离测试端较远（距离大于全线长的 80%），

则测试结果可能存在的误差,需要使用脉冲电流进行验证;

4)对二次脉冲采集的波形图进行分析时,要注意是否受余弦大振波形的影响,正确进行区分。

5. 三次脉冲法

三次脉冲法是二次脉冲法的升级,其方法是首先在不击穿被测电缆故障点的情况下,测得低压脉冲的反射波形,紧接着用高压脉冲击穿电缆的故障点产生电弧,在电弧电压降到一定值时触发中压脉冲来稳定和延长电弧时间,之后再发出低压脉冲,从而得到故障点的反射波形,两条波形叠加后同样可以发现发散点就是故障点对应的位置。由于采用了中压脉冲来稳定和延长电弧时间,它比二次脉冲法更容易得到故障点波形。

三次脉冲波形:在故障点击穿瞬间,发送低压脉冲波形,自动合拍产生弧反射波形,故障点高阻击穿,呈现波形向上跳,可明显判断故障点,见图4-14。

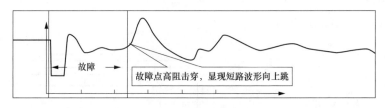

图 4-14 三次脉冲波形

而低压脉冲波形:波形简单,可测定线路全长,但故障点波形无明显变化,很难判断高阻故障,见图4-15。

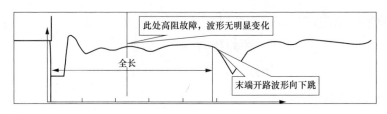

图 4-15 低压脉冲波形

2种波形叠加后,可明显判断分叉点为故障点,见图4-16。

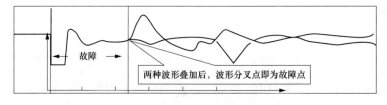

图 4-16 三次脉冲法故障测距波形

三次脉冲法采用储能燃弧技术，将有源的中央控制单元串接在直流高压电源和故障电缆之间构成三次脉冲测试系统。脉冲的发送顺序和时刻均由中央控制单元自动完成，三次脉冲法接线见图 4-17。

1）第一级脉冲：高压击穿故障点后，由电容器 C_1 上所储存的能量 P_1 施加到故障点上。

2）第二级脉冲：中央控制单元电容器 C_2 上所储存的能量 P_1 施加到故障点上。

3）第三级脉冲：燃弧稳定后，由中央控制单元发送测量脉冲采样。

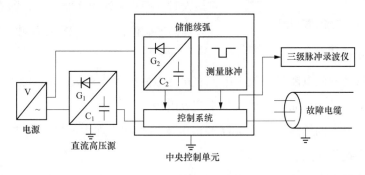

图 4-17　三次脉冲法接线图

与二次脉冲法相比，三次脉冲法具有以下的优点：

1）三次脉冲法储能燃弧技术优于二次脉冲法的限流技术，三次脉冲的稳弧触发技术是二次脉冲法随机触发技术无法比拟；

2）三次脉冲法的弧短路时间达到毫秒级，而二次脉冲法短路时间只是微秒级，三次脉冲具有足够长的弧短路时间，并能在燃弧稳定期触发脉冲采样，保证了每次触发脉冲都能采集到弧短路波形；

3）中央控制单元能够保证在最佳的时刻触发脉冲，而二次脉冲是随机触发测量脉冲；

4）三次脉冲不受环境条件的影响，采样成功率达到 100%，而二次脉冲是随机的，需一次多发几个脉冲，在环境不理想的情况下，几乎采不到波形，成功率低；

5）三次脉冲在中压续弧的稳定期获得波形，波形几乎与"低压脉冲短路"波形无差异，极易判断；二次脉冲在高压燃弧瞬间获得波形，燃弧不稳定、干扰大，所采波形乱、不易判断。

4.3　精　确　定　点

4.3.1　声测法

声测法是电缆故障定点的主要方法，多用于测试高阻、闪络性故障和部分低阻故障。

声测法的基本测试原理是在电缆的故障相上施加电压足够高、能量足够大的冲击高压，强迫故障点发生闪络击穿。由于故障点击穿瞬间会发出"啪、啪"的声音和强烈的电缆震动

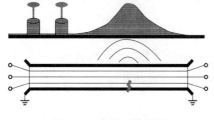

图 4-18 声测法模拟图

波，此震动波会经泥土介质传到地表面。借助高灵敏度拾音器（含探头、接收设备、耳机）可以从地面听到故障点处能量释放时产生的振动声音，并将此声波在接收器中经放大器放大，当耳机中听到声响最大时，探头所处的地面位置，即为对应于电缆故障点的准确位置，图 4-18 为声测法的模拟图。

测量中应注意的问题：

（1）故障点处的放电能量与放电电流和接地电阻的大小有关。故障点电阻不能太低。否则，将因放电能量小，而使定点仪听不到放电声。

（2）选用容量大的储能电容、提高冲击电压均有利于加大故障点放电产生的地震波的强度，便于寻找故障点。

（3）球间隙放电电压调至 $20 \sim 30 \mathrm{kV}$。放电时间间隔一般取 $2 \sim 10 \mathrm{s}$。放电太快，试验设备易损坏，太慢则不易区别外界干扰。

（4）声测放电时，若接地不够好，则可能在电缆线路的护层与接地部分间有放电现象而造成误判断。因此，要认真地辨别真正的故障点。

如果电缆敷设较浅或者护层已被破坏，对外会产生较为强烈的放电声音，无需借助外在仪器即可听到放电声音；反之，如果电缆护层未被烧穿，放电声音很小，则需要高精度的声音接收仪器，通过测量微弱振动信号并进行转换以及放大后才能变成可听声音。声测法仪器结构及原理简单，价格相对低廉，定位精度高，缺点是容易受噪声干扰，当现场环境噪声较大时可能无法利用该方法进行故障诊断。

4.3.2 声磁同步法

声磁同步法的检测原理：电力电缆在使用冲击高电压进行定点时，放电时不仅在电缆的故障点击穿处产生声波震动，而且在电缆的本体上同样产生向周围辐射的冲击性电磁波，该电磁波通过磁性天线即可被接收。通过这一共性特点所开展的电力电缆故障测试即声磁同步定点法。其工作原理如图 4-19 所示。

该电力电缆故障查找方法是利用了在电缆冲击性闪络发生的过程中，存在于电磁波和地震波两者之间的时间差。时间差值的产生是物理现象，即电磁波的传播速度是光速，而地震波的传播速度是声速。根据时间差，可以判断出电力电缆故障点与测试点之间的距离，从而判断故障位置。

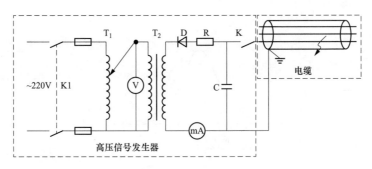

图 4-19　声磁同步定点法原理图

4.3.3　音频感应法

音频感应法探测原理即利用 1kHz 的音频信号发生器向故障电缆供以音频电流，产生电磁波。并通过仪器接受这种电磁信号，然后导入到放大器中放大后的信号可被仪表接受，再由指示仪表值的大小判断故障点的位置。音频感应法对低阻故障精确定点效果十分显著。

脉冲发生器的信号连接方式可分为直连法、磁感应法和夹钳法。直连法：将脉冲发生器一端接地（接地线不能碰到其他直埋管线），另一端接到被测电缆上，即信号直接加到被测电缆；此方法具有信号强、传输距离远、抗干扰性好、精度高和易分辨相邻电缆，适用于已停电的电力电缆。磁感应法：利用发射线圈磁场，将信号直接感应到脉冲发生器下面的被测电缆上，使电缆产生感应电流及二次场，从而对电缆进行定位；因信号感应到被测电缆时，也能感应到邻近的电缆上，所以此方法适用于电缆埋深 2m 左右（过深信号太弱），且电缆不能过于密集或相邻太近，否则可能出现误测。夹钳法：利用夹钳（相当于一个可开口的电流线圈）套住电缆，把信号施加在电缆上。此方法感应信号强于磁感应法而弱于直连法，因该方法操作简便，不需停电而经常采用。

从接收机定位的方法可分为极大值法、极小值法。极大值法：接收机的接收线圈平面与地面呈垂直状态，线圈在管线上方沿垂直管线方向平行移动，当线圈处于管线正上方时，接收机测得电磁场水平分量（H_x）或接收机上、下两垂直线圈水平分量之差（ΔH_x）最大，此时感应信号最大，如图 4-20（a）、图 4-20（b）所示。极小值法：接收机的接收线圈平面与地面呈平行状态，线圈在管线上方沿垂直管线方向平行移动，当线圈位于管线正上方时，感应信号最小（理想值为零）。因此可根据接收机中电磁场垂直分量（H_z）最小读数点位来确定被探查的地下管线在地面的投影位置。易受来自地面或附近管线电磁场干扰，故用极小值法定位时应与其他方法配合使用，当被探管线附近没有干扰时，用此法定位同样可行，如图 4-20（c）所示。

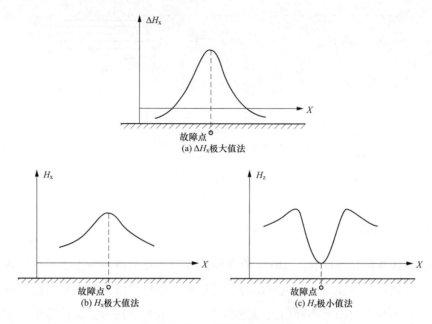

图 4-20　极大值和极小值示意图

使用音频感应法精确定点时，电缆故障位置的电磁信号放大后是一个纵向磁场，要注意横向磁场的影响，并且电缆的扭距也会对磁场有影响。一般而言，当仪器给故障电缆检测时候，故障点的声响是最强的或者说一丝声音没有的，使用这个方法还有三个细节要注意。

1）故障电缆周边不能存在铁磁等介质，这会使得磁场信号加强，并不是因为故障而产生改变，容易造成混淆；

2）在电缆接头处，仪器探测到的电磁信号会相对更强，这也会给故障定点造成困扰；

3）待测电缆所处的位置是否与地表平行，一般来说，电缆被埋得越浅，接触到的信号越强，会给故障顶点造成干扰。

4.3.4　脉冲磁场法

脉冲磁场法原理是在故障电缆处施加高压进行冲击放电，放电时会产生脉冲磁场信号，利用指定的仪器来测量信号，从而判断故障点的位置。因为磁场信号传播速度快，其到探测仪器位置传播速度各异（如油浸纸：160m/μs、交联乙烯 172m/μs、聚氯乙烯 184m/μs 等），时间为 t_1；而声音传播速度慢，时间为 t_2，检出的磁、声信号的时间差 Δt，测出时间差最小的点，即故障点。计算公式为：

$$\Delta t = t_1 - t_2 \tag{4-10}$$

虽然声音传播速度会随着电缆周围介质的变化而改变,不可能根据磁、声信号时间差,非常精准地测算距离,但通过提示探头与故障点的相对距离还是有办法估算的。

4.3.5 跨步电压测试

跨步电压法主要应用于外护层故障测寻,通过仪器在金属护套发出一个脉冲,使其在故障点对地放电,这时在故障点产生一个高电位,然后向四周逐渐减少,然后用精密的电压表测量两点之间的电位差,可以判断故障点的位置,其误差可以达到 1m 以内。由于电缆护层分段较短一般为 500m 左右,可不用进行初步定位,直接使用精确定位方法进行测寻。对于护层分段较长的电缆,可与电桥法配合使用。

高压发射设备和定点仪联合使用,借助两个接地杆,获取土中的电势较低点,并实现精准定位。故障点流进大地的测试电流导致故障点处于极性和峰值的临界位置。未到故障点时,电压值递增且为正极性;通过故障点后,电压值下降且为负极性。零值位置就是故障点的位置。原理如图 4-21。

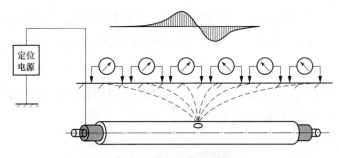

图 4-21　跨步电压测试原理

4.3.6 局部过热法

向故障电缆当中通以高压电流,并持续较长的时间,在此阶段当中电缆的故障位置处会产生发热现象,通过感官就可大致判断故障的具体位置。

4.3.7 等电位测量法

等电位测量法又被称为零电位测量法。具体测量步骤如下:①选取与故障电缆规格相同、长度相等的电缆,保证测量准确。②将这条电缆与故障电缆并联连接。③将伏安特性表的负极接地,正极从并联电缆的一端开始移动,直至伏安特性表的读数为零时停止移动。此时,与正常电缆相对应的那条故障电缆的位置就是故障点的位置。等电位测量法测量精确、简便,不需要精密的仪器和复杂的计算,不过这种方法也存在局限性,即它不适用于远距离的电缆故障查找和定位。

4.3.8 红外热像技术

对电缆施加超额电压，电缆的线芯在工作的过程的那个字就会发生温度提高的情况，所以根据此原理就可以作为故障找寻的依据。具体的方法如下：在电缆进行工作的过程当中，利用红外扫描设备进行温度的检测，并且依照采集的温度数据构建合理的模型进行分析，综合所处环境的温度因素、电缆的实际构造设计等条件进行测算研究，进而准确判断出电缆的故障位置信息。该方式进行定位可以保证电缆的正常工作，并且故障定位准确，所消耗的时间较少，但是使用红外设备需要消耗一定的资金。

4.3.9 高频感应定位法

通过利用高频信号波发生装置向电力电缆输入高频电流，由此产生高频电磁波，并由地上探头沿着电力电缆的路径接收电力电缆周边的高频电磁场，电磁场的变化经接收和处理直接显示于液晶屏幕上，按照显示数值的大小判定故障点位置。高频感应定位法和传统音频感应定位法更具优势，高频信号源比音频信号源更易实现且制造简单，也可减少定点探测设备的体积和重量，为小型化、便携式设备创造更为有利的条件。另外，高频信号的频谱抗干扰能力更强，直接显示于液晶屏幕的方式要比依靠人耳辨别更为可靠和直接，采用高频感应定位法也可在不停的情况下以耦合式接线方式来完成在线故障探测。精确定位法优缺点比较见表 4-1。

表 4-1   **精确定位法优缺点比较**

定位手段	优点	缺点	适用范围
声测法	受到外界环境的较大影响	操作简单快捷	电缆高阻故障的定位
声磁同步法	对于特别低阻型的故障很难检测到声音，有的时候根本没有声音	容易排除环境的干扰，此外此种方法定点的精度较大，信号理解以及辨别度较高。有较强的实用性，应用范围广泛	电力电缆的高阻和闪络性故障
音频感应法	通用性较差，不宜于寻找高电阻短路及单相接地故障	可以检测 10Ω 及以下的低阻故障	只适用于低阻故障和断线故障
高频信号感应法	通用性较差	比音频感应法更可靠、更方便，抗干扰能力强，便于小型化。对于裸露在外面的各种故障类型的电缆，都可以测寻故障点	只适用于低阻故障和断线故障。只适用于低阻故障的裸露电缆
局部过热法	存在安全隐患	用手触摸故障点能够感受到故障点的部位	只适合电缆或电缆头中方便用找到故障点
红外热像技术	投资高，不能用于直埋电缆	在线监测、操作简便、检测速度快、工作效率高	仅适用架空或隧道内敷设的电缆

4.4 电缆识别方法

在测距和精确定点后，确定哪一相是故障电缆，这个过程被称为电缆识别。对于多条电缆并排敷设的情况，在寻找和排除电缆故障点时，需要区分出哪条是要寻找的电缆，常用方法有两种：音频电缆识别法和冲击脉冲电缆识别法。

4.4.1 音频电缆识别法

测量原理：用信号发生器在电缆始端向被测电缆输入音频信号电流，利用接收线圈在地面上接收磁场信号，在线圈中产生出感生电动势，信号放大后，通过耳机、指针或其他方式进行监视。随着接收线圈的移动，信号的大小发生变化，由此，可判断出电缆路径。路径探测仪一般都是使用耳机监听信号的幅值，所以根据探测时音响曲线的不同，探测方法分为音谷法和音峰法。

1. 音谷法

如图 4-22 所示，使磁棒线圈轴线垂直于地面，慢慢移动，在线圈位于电缆正上方且垂直于电缆时，磁力线与线圈平面平行，没有磁力线穿过线圈，线圈内无感应电动势产生，耳机中听不到声响。然后将磁棒先后向两侧移动，就有一部分磁力线穿过线圈，产生感生电动势，耳机中开始听到音频响声。随着磁棒缓慢移动，声响逐步变大，当移动到某一距离时，响声最大，再往远处移动，响声又逐渐减弱。在电缆附近，声响与其位置关系形成一马鞍形曲线，曲线谷点所对应的测试位置即电缆所经过的路径。

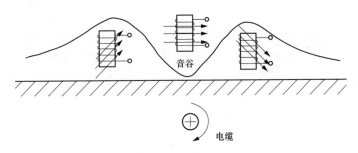

图 4-22　音谷法探测电缆路径

2. 音峰法

如图 4-23 所示，使磁棒线圈轴线平行于地面，做慢慢移动，在线圈位于电缆正上方时，耳机中听到的声响最大。此时穿过线圈的磁力线最多。然后将磁棒先后向两侧慢慢移动，穿过线圈的磁力线逐渐减少，响声逐渐减弱。在电缆附近，声响与其位置关系形成一钟形曲线，曲线的峰顶所对应的测试位置即电缆所经过的路径。

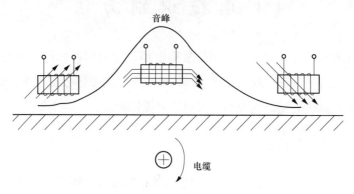

图 4-23　音峰法探测电缆路径

3. 电缆埋设深度的探测

如图 4-24 所示，在电缆的导体与地之间通入音频电流信号。使电感线圈的磁棒垂直于地面，并放在被测电缆的正上方，找出耳机中声响最小（音谷）时线圈所处的位置，记下其所对应的地面位置 A；然后，将线圈磁棒倾斜，使之与地面成 45°角（垂直于电缆的走向）并沿电缆向左或向右移动，找到音谷点 B 和 B′，在这两个位置上，线圈的轴线与磁力线垂直，穿过线圈的磁力线最少，耳机中听到的声音最小。两个音谷点 B 或 B′ 与电缆所在点 O 之间的连线 BO 和 B，O 与直线 AO 之间的夹角为 45°，三角形 AOB 和 AOB′ 为等腰三角形，AB＝AB′＝AO。因此，电缆正上方音谷点 A 与另外两个音谷点 B 或 B′ 之间的距离即等于电缆埋设深度。

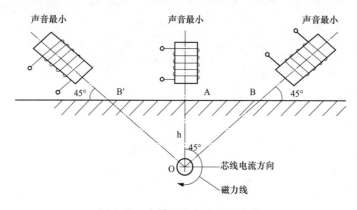

图 4-24　电缆埋设深度探测方法

4.4.2　冲击脉冲电缆识别法

脉冲磁场法是利用高压试验设备对电缆施加高压冲击脉冲，就会在电缆周围产生脉冲磁场再利用接收线圈分别在电缆路径两边测量变化的磁场，然后根据脉冲磁场相反的初始极性来识别所寻找的电缆。

4.5 故障探测的步骤

电缆发生故障后，为确定电缆故障点的位置，一般分7步处理：①绝缘电阻的测量，首先用兆欧表测量相对地绝缘电阻，如果绝缘电阻为零，再用万用表测量，判断是高阻故障还是低阻故障，是否有相间短路。②故障点预定位，根据故障性质采用合适的测量方法，对故障点进行预定位，即测出电缆从测试端到故障点的长度。③电缆寻径，对于那些资料不全的电缆需要确定电缆的基本走向，为故障精确定位做准备。④故障点精确定位。⑤电缆识别。⑥故障处理。⑦绝缘电阻的再测量，判断故障是否消除。

故障点定位的进步是通过技术和现场经验取得的，没有一个单一的仪器可以大致找到故障位置和精确的检修位置，其中现场经验起着重要的作用。

4.6 小　　结

采用常规方法修复损伤的电缆护套进行前需对故障点进行定位，找到故障点方能实施修复，故障定位步骤包括测距、寻径、精确定位、电缆识别等，操作步骤繁琐，需要多种定位技术互相配合才能对故障点进行精确定位，因此，故障点定位的进步是通过技术和现场经验取得的，没有一个单一的仪器可以大致找到故障位置和精确的检修位置，其中现场经验起着重要的作用。

5　电缆绝缘护套损伤常规修复方法

传统的聚合物材料的电气性能优异，但共同的缺点是：这些材料均不具备自愈合性能。即使轻微的老化损伤，也会造成材料性能的劣化。并且随时间推移，小损伤会不断加重，最后导致材料力学性能或绝缘性能的彻底丧失。通过修改可以恢复材料的性能，延缓材料的老化，常规的修复包括修复液罐装修复、热风焊、热缩管等。

5.1　修复液罐装修复

5.1.1　修复液罐装修复的原理

当电缆绝缘材料中出现微观缺陷，如水树时，会出现日渐严重的材料劣化，并最终诱发电缆绝缘本体的击穿。相较于直接更换老化电缆，使用注入式修复技术延长电缆运行寿命具有更高的经济效应，其主要原理是通过压力将修复液从缆芯间隙注入电缆内部，随后修复液会逐渐扩散至绝缘层中，并发生水解-缩合反应，消耗水分并填充微孔缺陷，从而阻碍水分再次入侵，并减少由于微孔造成的局部高场区，减缓绝缘劣化这项技术在国外已有 30 多年的商业化运行经验，成功修复电缆超过 24000km，该技术在国内经过近十年的发展，也开始逐渐走向工程应用。电缆修复液的有效成分为硅氧烷、脱水异丙醇和金属催化剂，反应式如下：

$$\text{PhMeSi(OMe)}_2 + \text{H}_2\text{O} \longrightarrow \text{PhMeSi(OH)(OMe)} + \text{MeOH} \tag{5-1}$$

$$\text{PhMeSi(OH)(OMe)} + \text{H}_2\text{O} \longrightarrow \text{PhMeSi(OH)}_2 + \text{MeOH} \tag{5-2}$$

$$2\text{PhMeSi(OH)(OMe)} \xrightarrow{\text{催化剂}} \text{PhMe(OMe)Si-O-SiPhMe(OMe)} + \text{H}_2\text{O} \tag{5-3}$$

式中　Me——甲基；

　　　　Ph——苯基。

硅烷水解反应如式（5-1）所示，硅烷中的甲氧基极易水解，生成一元硅烷醇和甲醇，在极潮湿环境下时，一元硅烷醇将发生如式（5-2）所示的进一步水解反应，生成二元硅烷醇与甲醇。水解反应生成硅烷醇后，硅烷醇在催化剂的作用下发生二聚反应，如式（5-3）所示，之后，在催化剂的作用下，一个二聚体和一个单体可以聚合成为三聚体，两个二聚体可以聚合成为四聚体，依次类推。硅烷的水解可以在没有催化剂的作用下自发进行，而后续产物的聚合反应若没有催化剂的作用，即使超过 2000h 也难以发生，因此受到 XPLE 基体的自由体积空间和催化剂含量的限制，聚合反应并不能无限地发生。针对以往修复液组分扩散速率不匹配的问题，第二代的修复液罐装修复技术改进了修复液主成分和相应催化剂，同时添加了更多的有机成分。

近年来，国内的研究者也对水树的生长和相应的电缆修复技术做出了积极有效的探索，鉴于在有机绝缘材料中添加无机纳米颗粒能够有效改善有机绝缘的介电性能，尤其是可以抑制空间电荷和减缓水树、电树的生长，提出了基于纳米颗粒复合填充的修复思路。在传统有机修复的基础上，利用溶胶-凝胶法在水树通道内部生成无机纳米颗粒，利用硅烷偶联剂的偶联作用连接有机绝缘基体和无机纳米颗粒，形成有机-无机纳米复合填充结构，从而提升水树老化电缆的绝缘性能，基本原理如图 5-1 所示。

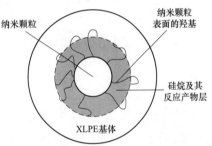

该技术是将含有无机金属醇盐的修复液注入到水树区域，利用醇盐与水树通道中的水分直接反应生成无机纳米凝胶颗粒（即溶胶-凝胶法）。在水树修复过程中，硅烷和其自身水解缩聚生成的有机产物含有大量羟基，具有类似硅烷偶联剂

图 5-1　纳米颗粒与 XPLE 基体的偶联模型

的性质，能够在 XLPE 基体和无机纳米颗粒之间实现化学键连接，提高修复填充物与 XLPE 基体的粘接性。无机纳米颗粒在紫外吸收和抑制放电方面表现优异，从而使得纳米修复液在恢复老化电缆介电性能、抑制水树生长等方面表现优于传统有机修复液。此外，不同的纳米颗粒（SiO_2、TiO_2 等）对老化电缆绝缘的提升效果也存在着一些差异，这可能是由于水解生成的纳米颗粒聚集形态及其与 XLPE 基体的偶联程度有关。

5.1.2　修复后电缆绝缘材料性能变化

上述的反应消除了水树的水分，阻止了水树进一步增长，随着这些胶状物质在缺陷表面的沉积，使缺陷得到修复，由于修复液扩散过程中电缆样本中的水分不断被消耗掉，水树微孔被填充，从而导致 $\tan\delta$ 快速下降。由于修复液的实际扩散过程中伴随着水解缩聚反应的发生，导致液体的扩散系数、粘滞系数等发生改变。为了验证修复液灌装修复对绝缘材料的修复效果，分别对产生水树老化的样品测定其介电常数，然后，对三个样品的水树进行灌装修复，再次测定修复后的样品介质损耗，结果见图 5-2。

由图 5-3 可见，在修复电缆样本的 tanδ 降的过程中，三根电缆样本的 tanδ 在注入有机硅修复液后 4～6h 之内快速下降，随后下降趋势变得平缓，修复电缆的 tanδ 呈非线性变化，修复后电缆样本内部的水分和水树区的微孔或通道逐渐消失，修复后电缆样本的 tanδ 快速下降，绝缘性能恢复。

水树缺陷处电场畸变是电缆发生局部放电、导致电缆绝缘迅速劣化的重要原因，通过对水树缺陷修复前后的电场变化进行检测，结果如图 5-3。

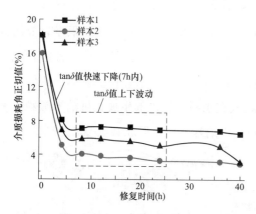

图 5-2　老化与修复样品介电常数与时间关系　　图 5-3　修复前后水树缺陷处电场变化曲线

由图 5-4 的可以看出，修复前电缆试样水树尖端的电场强度为 1.5×10^7 V/m，而其周围的电场为 3.5×10^6 V/m，针尖至水树尖端径向电场基本不变，水树尖端处电场发生严重畸变，电场强度增大数倍。修复后水树尖端的电场为 2.2×10^6 V/m，而其周围的电场为 2.1×10^6 V/m，针尖至水树径向电场强度基本保持不变，水树尖端处电场发生畸变程度很小。可见修复液与水反应生成的有机聚合物填充了水树缺陷，均匀了水树缺陷处的电场，减少因电场畸变导致的局部放电。因此修复后电缆试样局部放电得到明显的抑制。

水树通过修复液罐装修复有效地提高了击穿电压，由图 5-4 可见，在 63.2% 的击穿概率下，新电缆的击穿电压为 20kV，而老化电缆的击穿电压下降到 16kV，经过修复后，击穿电压恢复到 19kV，表明经过修复液罐装修复后绝缘性能得到恢复。

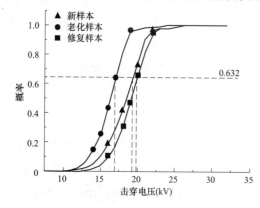

图 5-4　电缆水树老化修复前后击穿电压对比

用亚甲基蓝溶液对老化后电缆切片进行染色，然后利用光学显微镜观察到老化样本中水树的微观形态如图 5-5(a) 所示，针尖周围深色部分是水树微孔或通道被亚甲基蓝染色后的形貌。修复后电缆水树区的水分消失，并且水树微孔或通道被填充，因此修复后水树区不易被染色，其显微镜下的微观形貌如图 5-5(b) 所示，水树区颜色较浅，水树轮廓的清晰度降低。

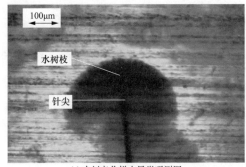
(a) 水树老化样本显微观测图

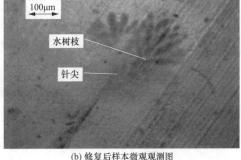
(b) 修复后样本微观观测图

图 5-5　水树老化样本在修复前后显微观测图

通过对修复后电缆进行红外光谱分析，分析结果见图 5-6，由图中 1259cm^{-1} 处 C—Si 键的振动峰来判断修复液的扩散情况。由图 5-6 可见，除了 XLPE 基体的亚甲基（—CH_2—）相关振动峰外，出现了明显的 C—Si 键振动峰，表明修复液已成功扩散到电缆绝缘层内部。

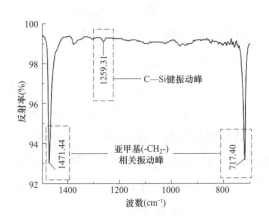

图 5-6　修复后样品红外光谱图

5.1.3　修复液灌装修复的操作工艺

电缆修复液的修复工艺过程比较麻烦，需要相应的注入设备和电缆附件。电缆修复液注入装置包括气体压力罐、修复液罐、连接管路、出液罐、限压阀、压力传感器、电磁开关阀、监视窗口以及氮气等近 10 个组成部分，见图 5-7。

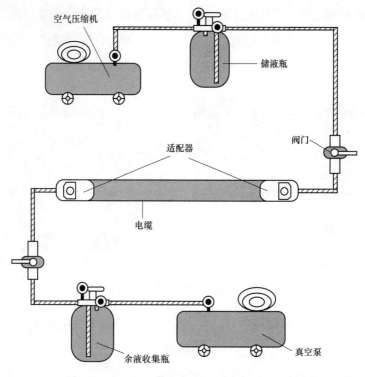

图 5-7　修复液灌装修复系统

修复系统整体由空气压缩机提供驱动修复液流动的动力，修复液储存在储液瓶中，在气压作用下经与电缆接头连接的适配器流入电缆缆芯内并逐步渗透至绝缘内部，电缆另一端连接收集瓶，用于收集整根电缆贯通后流出的多余修复液。阀门用于控制修复液流动与中途添加修复液等操作，当电缆较长时，在电缆另一端设置真空泵以加快修复进度。

为了增强电缆修复液在电缆绝缘材料内部的扩散，修复液需要在一定的压力下进行灌注，但压力过大可能会造成电缆损伤。通常采用的压力为 0.2MPa，并保持压力 4h，确保缆芯中的修复液能有效扩散到电缆的绝缘层并修复绝缘材料内部缺陷。硅氧烷的聚合反应需要在催化剂的作用下进行，因此硅氧烷与催化剂在绝缘层内的扩散速度最好相互匹配，能够减少硅氧烷的流失，长期修复效果更佳。

5.2　热风焊修复

5.2.1　热风焊修复原理

热风焊接法是用经过预热的压缩空气或惰性气体加热塑料焊件和焊条，使它们达到黏稠状态，在不大的压力下进行焊接的方法，实际上相容的塑料材料中互相缠绕的大分子链受热后，在自身的分子热运动和外在压力的作用下，相互迁移和扩散到对方的熔融区，并随着温度的下降和时间推移，再次发生缠绕、冷却、结晶和定型的过程。由于热固性材料加热无法达到流体黏稠状态，因此，热风焊接适用于热塑性的材料，不适用于热固性的材料。

热风焊接法主要用于聚氯乙烯、聚烯烃、聚甲醛、尼龙等塑料的焊接，也可用于聚苯乙烯、ABS、聚碳酸酯、氯化聚醚、氯化聚乙烯等塑料的焊接，在电缆绝缘护套层出现碰伤、刮伤、压伤或击穿等缺陷点时，在 PE 类等热塑性绝缘层可在缺陷区填入同质塑料后，利用热焊将材料部分熔融进行粘结修补，然后在修补处用修复带进行绕包。热风焊修复操作方法：击穿点、孔眼、塌坑等修补方法。用刀修整缺陷，并剖割成 45°角的坡形状大小一致的塑料块，放在修补区上，用钳子或螺丝刀固定好，然后用热风速焊枪连续焊好，用铜片压实、压紧、压平。焊接塑料时，注意焊枪热风温度不要太高，以免修补处塑料焦烧。修好后的缺陷处经火花机试验，不击穿为合格。

5.2.2　焊接设备

热风焊热风焊接的设备，主要有供气系统和焊枪等。

1. 供气系统

主要由空气压缩机、贮压罐及空气过滤器等组成。过滤器的作用是除去空气中的水分、灰尘和油脂，有利于提高焊缝强度和延长焊枪使用寿命。空气压缩机的压缩量一般为 $2\sim6m^3/h$，用于快速焊枪时为 $12m^3/h$。所采用的气体，随塑料的品种而异，对于一般的塑料来说，可采用空气，而对于易氧化的塑料，如聚乙烯，聚丙烯等，最好采用氮气或二氧化碳等惰性气体。

2. 焊枪

焊枪主要可分为气焊枪、电焊枪和快速焊枪等三种。

气焊枪是用可燃气体的燃烧加热送入的压缩空气。电焊枪是用电热丝加热送入的压缩空气。快速焊枪是经改进提高空气用量的电焊枪。电焊枪的工作效率不及气焊枪，但无发生火灾和爆炸和危险，安全系数比气焊枪高，快速焊枪一般不能用于厚度小于 2mm 的焊件，图 5-8 为热风焊的外观图。

图 5-8　热风焊枪的外观

5.2.3　焊接技术

热风焊分为圆嘴热风焊接技术、快速热风焊接、挤出焊接等三种方法，焊接方法如下。

1. 圆嘴热风焊接技术

圆嘴热风焊接技术工作原理（如图 5-9 所示）是：利用加热后的风或空气，同时预热焊条与待焊的母材相应部位；待其熔融之后，操作者通过对焊条垂直施加一定的压力，将焊条的熔融区与待焊母材的熔融区进行对接，并保持一定的焊接速度，使其具有足够的承压时间；最后，进行冷却定型。

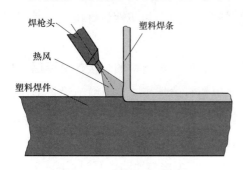

图 5-9　圆嘴热风焊接技术

圆嘴热风焊接分为 5 个阶段：待焊接部件的表面清洁和处理、加热、加压、分子链间的扩散和冷却。在正式焊接之前，应先对待焊部件的表面进行相关处理，这样做的目的是：一方面，为了在焊接区域加工出焊缝所需要的破口或槽口，例如 V 形或 X 形槽口；另一方面，为了去除材料表面的杂质、脏物或者氧化层等影响焊接质量的不利因素。

在焊接过程中操作者应小心控制所施加的压力和焊接速度，原因在于通过设定合适并可准确控制的温度，能保证得到合适的大分子熔融区，若施加的压力太小则大分子链无法进行迁移和扩散；若施加的压力过大，则大分子链被挤出熔融区，无法停留在熔融区参与迁移和扩散过程，无法实现真正的焊接。在冷却过程中，当冷却温度超过规定的温度范围时，形成的晶体结构可能会在承受压力时发生破坏，而不合适的温度和冷却速度则会导致结晶度下降，同时形成晶粒较小，这种较小的晶粒受化学物质或溶剂的侵蚀以及承受压力时发生破坏，因此，需控制合适的焊接速度。

2. 快速热风焊接

快速热风焊接技术也是利用加热后的风或者空气来预热焊条与待焊母材相应部位的方法实现焊接的。但是，快速热风焊接技术所使用的焊接风嘴比较特殊，风嘴底部的形状一般为凸出的弯曲面，用来将焊条压入母材的待焊部位，而焊条则穿过焊接风嘴内部，并从风嘴中伸展出一段。加热时，一部分热风对风嘴底部的焊条进行加热，另外一部分热风则用于加热母材的待焊区域。由图 5-10 可知，在快速焊接的工艺过程中，焊条从快速焊接风嘴中出来，并在焊接风嘴中先进行部分预热。同时，从风嘴中吹出的部分热风对母材的待焊部位进行预热。焊接压力则通过风嘴的末端施加到焊条上，完成整个焊缝的焊接。

快速热风焊接与圆嘴热风焊接技术一样，也

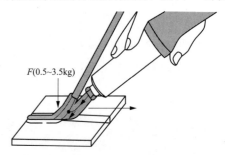

图 5-10　快速热风焊接技术

包括为 5 个阶段：待焊接部件的表面清洁和处理、加热、加压、分子链间的扩散和冷却。

3. 挤出焊接

挤出焊接虽然也是通过热风进行焊接，但是，它和前面所述的两种热风焊接存在明显的不同之处，即它是通过挤出机或类似挤出机的装置对焊条进行加热挤出，使其先形成均匀塑化或熔融的熔体条，并不经过冷却就直接压在待焊部位进行焊接。在熔体条被压入母材上之前，母材的待焊部位必须事先进行预热至熔融温度，使其变为熔融态，然后在焊条熔体上施加压力实现焊接，冷却后即可形成坚固的焊缝。

在挤出焊接过程中，焊条与待焊接的母体采用不同的加热方法。其中焊条可以在挤出机或者类似挤出机的型腔以及通往焊接靴的熔体导管中进行传导加热，相比之下，待焊接的母体通过挤出焊枪出风口的热风进行对流加热，提高热风的流量和温度可以提高待焊接的母体的表面温度，同时得到较厚熔体层，另外，在焊接过程需要操作者施加压力，在整个过程中，需要施加同等的压力，确保焊条与待焊接的母体熔融表面紧密接触，促进分子链间相互接触和缠绕。

5.2.4 焊条的选择

焊条的化学成分通常与焊件全部相同或基本相同。焊条的化学成分对焊缝强度有较大影响。增塑剂的含量越少，焊缝系数越大，但焊条在焊接时塑化也就越差，焊接速度就越慢；而增塑剂的含量越多，则焊缝系数越小，且耐腐蚀性也随之变差。一般采用增塑剂含量在 7%～10% 为宜。

焊条截面形状一般多为圆形，有单焊条与双焊条之分。双焊条为双圆条并联，中间有槽。另外还有三角形和梯形焊条。焊条的直径一般不宜大于 3.5mm，以免焊条塑化不好，外表和内部受热不匀，导致开裂。

5.3 热缩管修复

5.3.1 热缩管的修复机理

对于大尺寸缺陷或 XLPE 等热固性的材料的缺陷，或者小截面线芯的绝缘损伤，目前一般采用热缩管进行修复。这种方法是把尺寸合适的热缩管套于缺陷区，加热使套管收缩至紧包缺陷。这种方法工艺较为简单，适用的范围也比较广。

热缩管是一种使用热收缩材料制作的套管（如图 5-11 所示）以可塑性线型高聚物或高聚物合金为基材，用高能辐照方法或化学方法使聚合物分子链部分交联成为网状结构获得弹性"记忆效应"，经加热扩张至特定尺寸后冷却定型，使用时加热到适当温度后自行收缩到扩张前的形状和尺寸，这种材料称为热收缩材料，在实际生产时，把热缩管加热到高弹态，施加载荷使其扩张，在保持扩张的情况下快速冷却，使其进入玻璃态，这种状态就固定住了。在使用时一加热，它就会变回高弹态，但这时载荷没有了，它就要回缩，这就是热缩管的原理。热收缩套管按材质分有很多种类，如 PE（聚乙烯）热缩套管、PVC（聚氯乙烯）热缩套管、PET（聚对苯二甲酸乙二醇酯）热缩套管、PTFE（聚四氟乙烯，俗称铁氟龙）热缩套管、氟橡胶热缩管、PVDF 热缩管等，图 5-12 为热缩管的现场施工图。

图 5-11　热缩管

图 5-12　热缩管修复施工

5.3.2　热缩管的种类及其性能特征

1. PVC 热缩管的性能特征

PVC 热缩管具有遇热收缩的特殊功能，加热 98℃以上即可收缩，使用方便。产品按耐温分为 85℃和 105℃两大系列，产品符合欧盟 RoHS 环保指令，产品耐高温性能好、无二次收缩，主要技术指标见表 5-1。

表 5-1　　　　　　　　　　　　　PVC 热缩管技术指标

指标名称	指标值
收缩比例	2∶1
收缩温度	84～120℃
工作温度	−55～125℃
规格	2～200mm
体积电阻率	$\geqslant 10^{11}\Omega\cdot cm$
拉伸强度	$\geqslant 12.5MPa$
断裂伸长率	$\geqslant 150\%$
击穿强度	$\geqslant 15kV/mm$

2. PE 热缩管

PE 热缩管由辐射交联聚烯烃材料制成，理化电气性能优异，主要的性能指标见表 5-2。

表 5-2   **PE 热缩管技术指标**

指标名称	指标值
收缩比例	2∶1
收缩温度	125℃
工作温度	−40～60℃
规格	3～200mm
拉伸强度	≥12MPa
阻燃性	vw-1
击穿强度	≥20kV/mm
体积电阻率	≥$10^{14}\Omega \cdot cm$

3. PET 热缩管

聚对苯二甲酸乙醇脂，简称 PET，为高聚合物，由对苯二甲酸乙二醇酯发生脱水缩合反应而来。PET 热缩管从耐热性、电绝缘性能、机械性能上都大大超过 pvc 热缩套管，更重要的是 PET 热收缩套管具有无毒性，不含镉（Cd）、铅（Pb）、汞（Hg）、六价铬（CrVI）、多溴联苯（PBBs）、多溴联苯醚（PBBEs/PBDEs）、多氯联苯（PCB），多氯三联苯（PCT），多氯化萘（PCN）等 1 级环境管理禁用物质，易于回收，对人体和环境不会产生毒害影响，更符合环保要求，主要的性能参数见表 5-3。

表 5-3   **PET 热缩管技术指标**

指标名称	指标值
收缩比例	1∶1～3∶1
收缩温度	70～190℃
工作温度	−196～135℃
拉伸强度	≥14MPa
规格	3～40mm
体积电阻率	≥$10^{18}\Omega \cdot cm$

4. PTFE 热缩管

PTFE 热缩管由纯 PTFE 制成，不含填料或添加剂，具有优异的电绝缘、高阻燃、耐高温、耐化学试剂的性能，主要的性能指标见表 5-4。

表 5-4   PTFE 热缩管技术指标

指标名称	指标值
收缩比例	4∶1～2∶1
收缩温度	300～340℃
工作温度	−65～+260℃
耐燃性	vw-1
体积电阻率	$\geqslant 10^{18}\Omega \cdot cm$
拉伸强度	$\geqslant 24.5MPa$
断裂伸长率	$\geqslant 350\%$
规格	0.8～51mm

5. PVDF 热缩管

PVDF 热缩管为半硬聚偏氟乙烯管，由辐射交联的含氟聚合物制成，有较强的氢键，阻燃性能及机械性能好，耐辐射性好，可以长期在户外使用；化学稳定性好，能够耐酸碱腐蚀，主要的性能指标见表 5-5。

表 5-5   PVDF 热缩管技术指标

指标名称	指标值
收缩比例	3∶1～2∶1
收缩温度	125～175℃
工作温度	−55～+175℃
耐燃性	vw-1
体积电阻率	$\geqslant 10^{11}\Omega \cdot cm$
拉伸强度	$\geqslant 25MPa$
断裂伸长率	$\geqslant 300\%$
规格	0.8～51mm

5.3.3 热缩管的应用

热缩管是一种多功能产品，可用于广泛的应用，可达到以下的应用目的：

（1）机械保护：热缩管可抵御外部威胁对电缆的影响，例如磨损、切穿、凹陷等。

（2）环境保护：收缩管在电线电缆周围形成密封，以防止可能损坏电线的湿气和化学物质进入。

（3）电气绝缘：它可用于覆盖电线电缆端子、接头、连接器和电线电缆损伤位置，起绝缘作用。

（4）识别作用：它有多种颜色可供选择，可用于颜色编码或组件识别。可以定制印刷多种类型的热缩管，以简化识别。

（5）应力消除：热缩管可以减轻其他电线和电缆组件的压力。

（6）线束：热缩管通常用于线束，组织电线以便更方便地处理和安装。

热缩管的选择需要考虑应用尺寸、膨胀和恢复内径、收缩率等因素，具体方法如下：

（1）仔细测量管道必须覆盖的最大和最小部分，要计算非圆形零件的直径，只需测量物体的周长并除以 π(3.14)。

（2）膨胀内径是指热收缩前管材内部的直径，而恢复内径是指热收缩后管材内部的直径，通过这些测量，确保最小膨胀内径大于被覆盖的最大部分，并且最大恢复内径小于被覆盖的最小部分。检查这些测量值将确保管道足够大，可以安装在较宽或不规则的零件上，同时收缩到足以在小零件上形成紧密贴合。

（3）通过收缩率有利于了解膨胀内径和恢复内径。

（4）管材壁厚直接影响热缩管应用后的机械、电气等性能，测量传统上是指管材完全收缩（完全恢复状态）后的最小壁厚，如果您覆盖的物体大于管道的恢复直径，最终的壁实际上将比规格表上列出的壁厚更薄，因此，应选择合适壁厚，保证应用后的机械、电气等性能符合要求。

（5）加热时，管材除了直径收缩外，还可能纵向收缩。虽然这种收缩通常小于15%，但您应该增加额外的长度来考虑潜在的损失，保证热缩管能完全覆盖被覆盖的电线和电缆。

热缩管通过加热紧缩包覆损伤的电线、电缆，对损伤位置的机械保护和电气性能起着一定的作用，但这种紧包作用使热缩管与被覆盖电缆之间仍存在一定缝隙，长期处于室外潮湿或者有水的环境中无法完全阻隔水分或潮气的进入；此外，热缩管包覆在损伤电缆的表面，影响散热。

5.4　缠绕绝缘胶带

5.4.1　绝缘胶带的绝缘机理

绝缘胶带（insulated rubber tape）专指电工使用的用于防止漏电，起绝缘作用的胶带，见图 5-13。又称绝缘胶布，胶布带，由基带和压敏胶层组成。基带一般采用棉布、合成纤维织物和塑料薄膜等，常用的胶带材料分为：环氧薄膜、聚酸亚胺薄膜、聚四氟乙烯薄膜、聚氯乙烯薄膜、聚酯薄膜、强化纤维、合成物薄膜、玻璃布、乙酸酯布、纸、橡胶、金属薄片等。胶层由橡胶加增黏树脂等配合剂制成，黏性好，绝缘性能优良，主要的材料有热固橡胶、丙烯酸、硅/矽、非热固橡胶等。绝缘胶带具有良好的绝缘耐压、

图 5-13　绝缘胶带

阻燃、耐候等特性，适用于电线接驳、电气绝缘防护等特点。生产工艺有擦胶法和涂胶法两种，广泛用于在 380V 电压以下使用的导线的包扎、接头、绝缘密封等电工作业。

5.4.2　绝缘胶带的分类

电工绝缘胶带分为三种：第一种是 PVC 电气无铅阻燃胶带，具有绝缘、阻燃和防水三种功能，无铅的特性适合家居使用，家装电工安装广泛使用这种 PVC 绝缘胶带。PVC 电气无铅阻燃胶带适用于正常工作温度不超过 80℃，600V 及以下橡塑电缆电线终端和中间连接的绝缘保护的绝缘密封，家用一般电压为 220V 和 380V。第二种是高压自粘带，一般用在等级较高的电压上，具有较好的延展性，在防水上比 PVC 胶带更出色，所以常将其应用在高压领域，但其强度不如 PVC 电气阻燃胶带，一般这两种配合使用。高压自粘带适用于正常工作温度不超过 80℃，1kV（1000V）及以下橡塑电缆电线终端和中间连接的绝缘保护的绝缘密封。第三种是早期的绝缘黑胶布，材料像布一样的，只有绝缘功能，但不阻燃不防水，现在民用已基本淘汰，很少一部分民用建筑电气或某些特定条件下还在用。主要品牌有：3M、九头鸟、电老虎、舒氏、公牛、德力西、汾光、珠江、松本等。

5.4.3　绝缘胶布的规格型号和用途

从绝缘胶布的宽度来分，分为以下几种规格：

（1）10mm 胶布：主要用于电线连接头的包裹和修补，起绝缘和防水作用；

（2）19mm 胶布：适用于电缆套管的封闭和连接处的保护，以及电气设备的电气绝缘；

（3）25mm 胶布：适用于箱式变电站、发电机控制装置等大型电气设备的绝缘以及导电部位、电摩擦部位的防护；

（4）50mm 胶布：用于电缆的绝缘、防水和保护，以及配电箱的绝缘和连接部位的加强。

从绝缘胶布的厚度来分，分为以下几种规格：

（1）0.10mm 胶布：适用于电线电缆和低压电器的绝缘，有较好柔软性和绝缘性；

（2）0.13mm 胶布：较为厚实，适用于中压电线电缆和中压电器的绝缘；

（3）0.18mm 胶布：最厚实的胶布适用于高压电线电缆和高压电器的绝缘。

5.5 电缆修补胶

5.5.1 电缆修补胶性能要求

电缆修补胶对于不规整的护套创面有较好的渗透作用，可以很好地与创面粘合并固化，固化后具备一定的韧性，同时修补后的创面处。电缆冷补胶是一种常用的电缆维护修复材料，其主要作用是对电缆的绝缘层进行修复和保护。其结构主要由三部分组成，分别为填充材料、衬套和胶管。填充材料是电缆冷补胶的核心组成部分，其具有优异的绝缘性能和耐热耐寒等特点。填充材料的选择应该根据不同类型的电缆和不同的应用环境进行选择，以达到最佳的修复效果。同时，填充材料也应该能够和电缆绝缘层形成良好的粘结，以确保修复后的电缆绝缘层具有优异的性能。衬套是电缆冷补胶结构的辅助部分，其作用是起到保护填充材料的作用。衬套一般采用热缩套管或者带有胶水的衬套，以确保填充材料能够在不同的应用环境下保持稳定的状态。胶管是连接填充材料和衬套的部分，其必须具有优异的耐候性和耐腐蚀性，以确保电缆冷补胶结构在不同的环境下具有稳定的性能。

绝缘胶布通过粘贴包覆损伤的电线、电缆，对损伤位置的机械保护和电气性能起着一定的作用，但这种粘贴作用使绝缘胶布与被覆盖电缆之间仍存在一定缝隙，长期处于室外潮湿或者有水的环境中无法完全阻隔水分或潮气的进入；此外，绝缘胶布包覆在损伤电缆的表面，影响散热。此外，绝缘胶布使用一定的年限后，黏性下降，容易出现脱落。

5.5.2 修补胶的种类

电缆外绝缘修补材料一般为环氧树脂、室温硫化硅橡胶、聚氨酯等，一般采用双组分，一个组分为修补材料，一个组分为固化剂，实际施工时，将双组分混合，然后再涂覆到电缆损伤位置。

1. 环氧树脂

环氧树脂胶是在环氧树脂的基础上对其特性进行再加工或改性，使其性能参数等符合特定的要求，通常环氧树脂胶也需要有固化剂搭配才能使用，并且需要混合均匀后才能完全固化，一般环氧树脂胶称为 A 胶或主剂，固化剂称为 B 胶或固化剂（硬化剂）。

环氧树脂胶主要优点：

（1）环氧树脂含有多种极性基团和活性很大的环氧基，表面活性高的材料（PVC 材料）具有很强的粘接力，同时环氧固化物的内聚强度也很大，所以其粘接强度很高。

（2）环氧树脂固化时基本上无低分子挥发物产生。胶层的体积收缩率小，约1%～2%，是热固性树脂中固化收缩率最小的品种之一。加入填料后可降到0.2%以下。环氧固化物的线胀系数也很小。因此内应力小，对胶接强度影响小。加之环氧固化物的蠕变小，所以胶层的尺寸稳定性好。

（3）环氧树脂、固化剂及改性剂的品种很多，可通过合理而巧妙的配方设计，使胶粘剂具有所需要的工艺性（如快速固化、室温固化、低温固化、水中固化、低粘度、高粘度等），并具有所要求的使用性能（如耐高温、耐低温、高强度、高柔性、耐老化、导电、导磁、导热等）。

（4）与多种有机物（单体、树脂、橡胶）和无机物（如填料等）具有很好的相容性和反应性，易于进行共聚、交联、共混、填充等改性，以提高胶层的性能。

（5）耐腐蚀性及介电性能好。能耐酸、碱、盐、溶剂等多种介质的腐蚀。体积电阻率 $10^{13}\sim10^{16}\Omega\cdot cm$，介电强度 $16\sim35kV/mm$。

存在的缺点：

（1）不增韧时，固化物一般偏脆，抗剥离、抗开裂、抗冲击性能差。

（2）对极性小的材料时（如聚乙烯、聚丙烯、氟塑料等）粘接力小。必须先进行表面活化处理。

（3）有些原材料如活性稀释剂、固化剂等有不同程度的毒性和刺激性。设计配方时应尽量避免选用，施工操作时应加强通风和防护。

2. 室温硫化硅橡胶

室温硫化硅橡胶修补剂为双组份、常温硫化、快速修补电缆护套破损。采用浇注法、涂抹法修补，具有良好的填充性和浇注性。具有极强附着力、高耐磨性、抗撕裂性、阻燃等特性，能满足各种皮带常温快速修补、封口，且操作工艺简单，流动性好，不含溶剂，无毒无味，使用安全方便，耐酸、碱、盐、水、油等多种化学介质，耐老化性能好等优点。主要性能参数：

（1）拉伸强度（20℃，固化48h时）：2.0MPa；

（2）附着强度（20℃固化48h时）：100N/2.5cm；

（3）伸长率（20℃固化48h时）：200%～300%；

（4）20min开始固化，4h完全固化。

3. 聚氨酯

聚氨酯属于室温固化、无溶剂的聚醚类胶粘剂型，含有强极性和化学活性的基团，如：异氰酸酯基（—NCO）、氨酯基（—NHCOO），对含活性氢和极性材料有较强的粘接力。具有固化速度快、操作简单、使用方便、无毒无味、耐介质、耐老化、粘接强度高、绝缘强度高等特性。固化后具有高韧性、耐磨损、耐腐蚀、耐低温、耐老化、抗气蚀性能优异的优点。由于不含挥发成分，涂层不出现缩水现象，表面可以采用机械加工、抛光成比较光滑的表面。但聚氨酯对非极性的材料粘接性不佳，可以通过添加增粘剂，增粘剂的非极性端嵌入被修补基材内部，另一端与—NCO反应，使粘接性能增强。聚氨酯另一个缺点是高温高湿的条件下容易水解，降低粘合强度，影响使用寿命。

5.5.3 修补胶的施工方法

电缆修补胶如图5-14所示。修补施工步骤：①用刀将破损的护套层割除，使割除区呈椭圆形，割除区边缘的护套层应削成坡角，若损伤处有水分，应采用碘钨灯烘干；②用木锉或粗砂纸将破损区周围的电缆表面打毛，再用三氯乙烯溶剂将周围的表面擦拭干净；③用大小合适的聚乙烯片将电缆的修

图5-14 电缆修补胶

补段包上，用粘胶带缠绕固定；④将修复胶甲、乙两种组份混合均匀，用搅拌棒沿一个方向搅拌20~30圈，待胶料呈粘胶状后，将胶料灌到破损处，甲、乙两种组份混合均匀后应在8min内使用；⑤电缆放置2h取下聚乙烯片修补段应圆整、光滑并与电缆原护套层紧密粘接，如需要快速固化，可采用碘钨灯烘烤，以胶表面的温度不超过50℃为宜。若气温低于5℃，应采用碘钨灯烘烤A、B组分，以30℃为宜，灌胶后还需对灌好的胶料烘烤15min。采用修补胶修补前后对比图如图5-15所示。

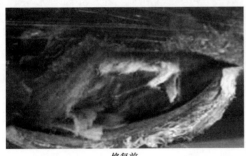
修复前

修复后

图5-15 电缆采用修补胶修补前后

电缆修补胶有一定使用年限，过期的修补胶粘性下降，与被修补基体附着力下降，此外被修补基体表面有水分，就容易导致粘接不牢。

5.6 小 结

电缆在敷设、安装和运行过程由于受到外力、环境条件的影响造成外护套受损，如果不及时修复的话，就会造成性能快速下降，即使在损伤初期对电缆的正常运行不造成影响，但随着性能劣化的快速发展，几个月或几年后就很容易变成重大的事故，通过常规的修复方法可以恢复受损电缆的性能，恢复正常运行。现有的修复方法有修复液罐装、热风焊、热缩管、绝缘胶带、修补胶修补等方法，这些方法在修复损伤电缆方面具有一定的效果，但也存在一些缺点：

（1）修复液罐装通过修复液与水树故障中水分发生反应生成可填补缺陷的胶状物质，因此，修复液罐装只能修复水树故障，对于电树无法修复作用。电缆修复液的使用的工艺过程比较麻烦，需要相应的注入设备和电缆附件。电缆修复液注入装置包括气体压力罐、修复液罐、连接管路、出液罐、限压阀、压力传感器、电磁开关阀、监视窗口以及氮气等近 10 个组成部分，作业施工复杂。

（2）热风焊对同质的热塑性材料具有修补作用，而对于热固形的材料无修复作用，并且，热焊修补需采用电烙铁或热风焊枪为工具，工艺也相对复杂，要求操作人员具备较高的技术水平。另外，对于截面较小的线芯，不易保证质量。

（3）热缩管、绝缘胶带这些方法工艺较为简单，适用的范围也比较广。但是，热缩管、绝缘胶带与电缆的接触面的紧密性难以保证长期暴露在潮湿、有水地方会使水汽进入损伤位置导致漏电、短路等故障。此外，采用热缩管、绝缘胶带后，电缆绝缘层厚度增加，使散热难度加大，容易导致接头发热，并进一步产生故障。

（4）电缆修补胶对于极性较差 PE 材料等粘接性较差，同时，修复过程有水分存在的话，也影响与被修复电缆的粘接。

常规修复方法需要依靠故障定位技术确定故障位置，然后将损伤电缆挖出，再进行，劳动强度大，需耗费大量人力、物力，修复时还需停电，一般修复时间需要几天或几周，停电严重影响生产、生活，造成巨大经济损失。

6　材料的自修复技术

6.1　概　　述

常言说"千里之堤，溃于蚁穴"，这是因为，如果堤坝上出现一个毫不起眼的蚁穴后，如果不加以重视，及时进行修复，那它会逐渐变大，最终可能导致整个大堤崩塌、洪水泛滥。

类似的情况很常见：比如汽车轮胎，当它的表面出现一两道微小的裂纹时，如果不注意的话，它们会逐渐扩展，变得越来越宽，越来越长，越来越深，最后导致爆胎，如图 6-1 所示。

除了轮胎之外，在实际生活中还有很多例子，例如：电缆的绝缘材料、塑料制品等，在损伤的初期表面出现一两条微不足道的小裂纹后，如果不重视，将来很可能会引起材料的破裂。很多人都明白这个道理，但

图 6-1　汽车轮胎的裂纹图

是，在很多时候，这些微小的破坏很难被发现。有没有办法防止这种情况发生呢？一种叫"自修复材料"的新材料可以解决这个问题。

6.2　自修复材料的概念和原理

6.2.1　自修复的概念

自修复材料（self-healing materials）也叫自愈合材料。这种材料最大的特点是，当它发生破坏后，不需要依靠外界的力量，能够自己发生愈合或修复。比如出现裂纹后，经过一定的时间，裂纹能够自动愈合。这种材料的设计灵感来源于生物体：动物受伤后，

包括肌肉、皮肤、骨骼等，经过一段时间后，很多可以自愈。植物也有这种功能：树皮被划破后，也可以自己愈合。而传统的材料没有这种功能。我们经常看到，一些建筑物的下面立着一块警示牌："瓷砖开裂，谨防掉落！"我们平时使用的盘子，有时候发生碰撞出现了裂纹，刚开始很细小，后来越来越大，直到有一天，整个盘子裂为两半。很多重要的设备，如车辆、舰艇、飞机零件，在长期使用的过程中，也经常出现裂纹、孔洞等缺陷，如果不能及时发现和修复，它们会影响设备的运行，轻的会使零件性能变差、精度降低、效率下降，严重的会造成零件失效，缩短使用寿命，甚至发生安全事故。所以，20 世纪 60 年代，材料学家提出：利用仿生技术，仿照生物体的自愈合功能，研制一种新材料——自修复材料，它在受到损伤时能进行自我修复。

6.2.2　原理

自修复材料的原理是：材料的破损位置可以从周围获得一定的物质和能量，从而能够得到修复。这些物质和能量有的来自材料自身，有的来自自然界，如空气、阳光等。

自修复材料主要是仿照生物体的自修复功能研制的，但是它们并不是完全照搬生物体，而是有的进行了改变，有的进行了提高和完善。因为生物体的自愈功能也并不是完美的，而是存在一些缺点和不足，比如多数修复速度比较慢，需要的时间比较长；还有的不能完全愈合，而是经常会留下痕迹，即疤痕。

6.3　自修复材料的类型和应用

6.3.1　自修复材料的类型

目前，人们研制的自修复材料种类比较多，而且不断有新的类型出现。可以按照不同的方法对它们进行分类。

（1）按化学成分，可以分为自修复高分子材料、自修复无机非金属材料、自修复金属材料等。

（2）按自修复机理，可以分为微胶囊自修复材料、可逆反应自修复材料、形状记忆自修复材料、溶剂型自修复材料、氧化还原反应自修复材料等。

（3）按照获取的资源类型，可以分为三类。

第一类：获取物质型。这类自修复材料是一种复合材料，由基体和功能体组成：基体是材料的主体，功能体一般设计成微胶囊或类似的变体形式，比如微细管、胶囊或管的内部充填了黏结剂等物质，基体发生破坏后，功能体也发生破裂，向基体里释放黏结剂，从而使受损部位恢复。

第二类：获取能量型。这类自修复材料通过加热、光线照射等方式，获得能量，受损的位置发生化学反应、或形成新的键合、或范德华力，以结晶、成膜等形式，实现自修复。

第三类：前两类的综合——即受损部位同时获取物质和能量，实现自愈合。

（4）按照修复物质的来源，可分为外援型和本征型。

外援型：指修复物质来源于破坏位置以外。

本征型：指修复物质来源于破坏位置自身，常见的是依靠化学键的重新形成进行修复。

6.3.2 自修复材料的应用

自修复材料的作用主要包括：①能及时消除安全隐患，避免发生安全事故。②能延长材料的使用寿命，减少维修、更换的成本。③能提高材料的利用率，减少浪费，节约资源和能源。

自修复材料的主要应用领域包括以下几方面。

1. 在建筑方面的应用

可以用自修复材料制造水泥和混凝土，它们的表面或内部出现裂纹后（见图 6-2），能够自己闭合、复原。

2. 汽车

汽车车身、发动机和胎都可以用自修复材料制造。用自修复材料制造的车身产生裂纹后，可以自动愈合；用自修复材料制造的发动机发生磨损后，能够自动恢复，从而减少维修成本；德国的研究人员宣布，他们研究了可以自修复的橡胶材料，计划用于汽车轮胎，这种轮胎发生磨损和裂纹后，都可以自动修复。

另外，汽车车身的油漆经常产生划痕（见图 6-3），一方面影响车体的外观，另一方面如果划痕较深，还会使内部的金属发生腐蚀。所以，车身的油漆受损后需要进行修补，重新喷漆，而重新喷漆的位置和周围部分经常存在色差。如果采用自修复材料制造汽车油漆，就可以改变这种情况，不需要重新喷漆。

所以，从理论上来说，将来汽车的很多零部件几乎能够终身使用了，汽车也不需要报废了！

3. 机械设备

很多机械零件在工作过程中，都会发生磨损或产生裂纹。所以，如果用自修复材料制造这些零件，就可以自动修复。

另外，输送石油或天然气的管道上经常受到腐蚀，产生孔洞或裂纹，发生漏油、漏气事故。如果使用自修复材料制造，这些孔洞和裂纹也能自动闭合，从而能防止漏油或漏气，避免经济损失。

 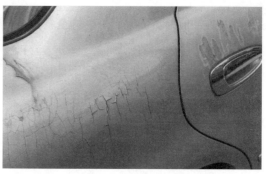

图 6-2　道路表面的裂纹　　　　　　　　图 6-3　汽车车身的划痕

4. 自修复服装

比如袜子，现在，我们的袜子磨出一个洞后，即使其他部分仍很好，但也只能扔掉，特别可惜。将来，如果用自修复材料生产袜子，就不会出现这种情况了，可以避免浪费。

5. 手机

平时，人们的手机屏幕易摔碎，更换新的屏幕价格很贵，所以很多人宁愿花更多的钱换一个新手机。如果手机屏幕用自修复材料制造，当它摔碎后，可以自动恢复如初！美国加州大学河滨分校的化学家研制了一种自修复材料，产生划痕和裂纹后，依靠材料中的极性分子和带电离子的作用，在 24 小时内就可以自动恢复！

英国布里斯托大学的教授预言：将来用自修复材料制造的手机屏幕出现划痕后，只要把它们放在窗台上晒太阳就可以——24 小时后，就会恢复如初！

资料介绍，早在 2013 年，韩国 LG 公司生产的 G Flex 手机后壳上涂覆了一层自修复涂层，它可以对划痕和裂纹进行自修复。

日本的日产汽车公司研制了一种用于 iPhone 手机的手机壳，这种手机壳用 ABS 塑料制造，表面有一层叫 Scratch Shield 的自修复涂层，手机壳出现划痕后，过几个小时就能实现自修复。

6. 日常生活

纱窗使用时间长了后，会由于老化发生破损，更换纱窗很麻烦。如果使用自修复材料制造纱窗，就可以省去这个烦恼。

在日常生活里，自修复材料还有一个妙用——制造"出气"用品：有的人生气时喜欢摔东西，等过一段时间气消了后又非常后悔，因为很多物品摔坏了就不能用了。但下一次生气时仍然控制不住自己，还会接着摔！所以，这造成了不小的经济损失。

另外，很多人应该从电视上看到过，一些网球运动员在发挥不好时，也经常摔球拍。

根据自修复材料的特性，我们可以设想：可以用自修复材料制造一些专门供人们摔或砸的"泄压"物品，比如脸盆、镜子、盒子、凳子、桌子、电视等，可以随便砸、摔，等气消了后再把碎块拼起来，它们会自动恢复，等着下一次被摔、被砸！

6.4　高分子自修复材料

高分子自修复材料最早是在 20 世纪 80 年代被提出的，当时没有引起人们太大的关注。2001 年，英国著名的学术期刊"Nature"上发表了一篇关于高分子自修复材料的论文，在学术界引起轰动，迄今为止，人们公认它是这个领域内的经典成果。可以说，它引起了对高分子自修复材料以至整个自修复材料领域的研究热潮，一直持续到现在。

高分子自修复材料是更容易想到的类型，因为它们的化学组成、微观结构、性能与生物体更接近。既然生物体具有自修复性能，所以有理由认为，更容易研制出高分子自修复材料。

事实上，高分子自修复材料是目前研究最多的种类，根据自修复机理来分类主要分为两大类：含修复剂和不含修复剂。其中含修复剂的自修复材料也称为填充型的自修复材料，是通过微胶囊或微脉管等载体将修复剂包裹起来，填充到高分子材料，由裂纹控制修复剂释放，根据载体的不同分为微胶囊、微脉管、中空纤维等。不含修复剂的自修复也称为本征型自修复，通过材料本身化学键、分子间的作用力达到自修复的目的，根据作用力不同，分为动态共价键、超分子作用力自修复技术，而超分子作用力包括氢键、静电作用、主客体包合、疏水作用等。

6.4.1　填充型自修复材料

1. 微胶囊自修复材料

微胶囊自修复材料是最经典的自修复材料，其他很多品种都是在它的基础上开发的。它是 2001 年由美国伊利诺伊大学的 Scott White 研制的，他根据生物体的结构——肌肉内有很多血管，然后巧妙地进行仿生，研制出一种独特的自修复材料——微胶囊自修复材料。这种材料的结构很特别，是一种复合材料，具有"基体＋微胶囊"结构：基体是高分子材料，里面加入了很多微型的胶囊（比如有一种材料，每立方厘米的体积里包含 6-12 粒微胶囊）。微胶囊内部充填了修复剂，当基体发生破坏产生裂纹后，微胶囊的外壳会随之发生破裂，里面的修复剂就被释放出来，在毛细管作用下沿着裂缝流动，

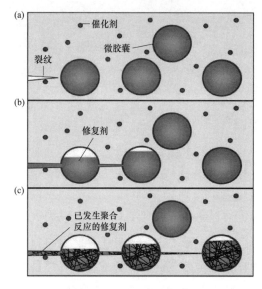

图 6-4 微胶囊自修复材料

填充到裂纹里，然后凝固。这样，裂纹就弥合了，从而实现了自修复，由于尿素－甲醛反应生成的高聚物具有良好的强度和抗渗透性，因此自修复微胶囊一般采用尿素－甲醛作为壁材。如图 6-4 所示。

所以，这种材料是一种典型的仿生材料：基体类似于人的肌肉，微胶囊类似于血管，修复剂类似于血液。

有的基体里还含有催化剂，可以加快修复速度。这点也和生物比较类似：很多动物如狗在受伤后喜欢舔自己的伤口，研究认为，它们这么做是因为它的唾液里含有溶菌酶，可以杀死侵入伤口的病菌，防止感染，从而有利于伤口愈合。

目前，微胶囊材料发展已经比较成熟了，有的已经实现了工业化应用。有的在结构上还进行了改进：比如，有一种汽车用的自修复防腐涂料，人们把它的结构设计成了类似"三明治"的多层结构。

可以看到，在这种材料里，微胶囊被集中地安排在一起，形成一个微胶囊层，位于中间漆和底漆的中间。微胶囊的外壳用脲醛树脂制造，里面的修复剂是天然植物油。涂层内部产生裂纹后，微胶囊的外壳破裂，里面的植物油释放出来，和空气中的氧气发生反应，形成网络状的聚合物，可以把裂纹填充起来，进行修复。

测试结果表明：这种材料的自修复性能比较好，原料也便宜，制备工艺也比较简单，成本较低，可以用于汽车、船舶等领域。

设计和制造微胶囊自修复材料时，有几个问题需要注意，因为它们会影响材料的使用效果。

（1）微胶囊外壳的强度要合适，需要和基体材料匹配，不能太高也不能太低。要保证在基体产生裂纹后，微胶囊的外壳能随之破裂，释放出修复剂。

（2）微胶囊的数量要适当，不能太少也不能太多。因为如果数量太少，当裂纹比较多或比较大时，修复剂不够用；如果微胶囊的数量太多，会降低基体的力学性能，比如强度、硬度等。

（3）修复剂的性质，包括强度、流动性和渗透能力等需要满足要求。总体来说，它的黏度应该比较低，容易流动；另外，要容易浸润基体。这样才能够保证修复剂尽快地流到裂纹位置，保证修复的效率。

修复剂的凝固速度要适当，不能太慢，但也不能太快，因为太慢会影响修复速度，但也不能太快，因为可能还没有流到裂纹处就凝固了，那样就不能起到修复作用，而且也会堵住其他修复剂的流动通路。

（4）有的修复剂需要催化剂，催化剂一般加在基体里，要求它不能和基体发生反应。

2. 中空纤维自修复材料

这种材料的原理和微胶囊自修复材料一样，区别是用中空纤维代替了微胶囊，如图 6-5 所示。

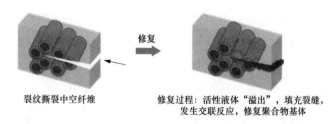

裂纹撕裂中空纤维　　　　　修复过程：活性液体"溢出"，填充裂缝，
　　　　　　　　　　　　　　发生交联反应，修复聚合物基体

图 6-5　中空纤维自修复材料

和微胶囊自修复材料相比，中空纤维自修复材料有下面几个优点：

（1）中空纤维里可以装载较多的修复剂，所以能够修复比较大、数量比较多的裂纹。

（2）可以进行多次修复：比如一个位置出现了裂纹，修复时只使用了一根纤维里的一部分修复剂，过了一段时间，那个位置再次出现了裂纹，它就可以继续使用纤维里剩余的修复剂。

（3）纤维对基体的力学性能影响比较小，比如强度。

3. 网络结构微脉管自修复材料

微胶囊型自修复体系和中空纤维型自修复体系共同的缺点是不能实现同一损伤位置的多次修复。而微脉管型自修复体系是在复合材料基体中预埋入含有修复剂的三维网状结构微脉管，修复剂通过三维网络结构可以实现持续补给，从而实现对同一损伤部位的多次修复。Hamilton A 等仿照动物皮肤破损后通过血管中血液进行自修复的原理，首次合成了仿生脉管型自修复材料。图 6-6 为该种材料的结构设计及修复过程示意图。将环氧树脂基体的两个组成部分（环氧树脂修复剂 Epon 828 和脂肪胺固化剂 Epikure 3274）分别注入交替分布的微脉管层中。材料在服役期间发生破坏时，毛细作用使修复剂和固化剂流至裂纹处，通过二者之间的化学作用产生自修复。结果显示，该种自修复过程重复率可高达 13 次，直至裂纹处被修复产生的聚合物完全堵塞。

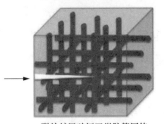 

裂纹扩展破坏了微脉管网络　　修复过程:活性液体"溢出",填充裂缝,
　　　　　　　　　　　　　　　发生交联反应,修复聚合物基体

图 6-6　中空纤维网络自修复材料

　　微脉管自修复材料的最大挑战在于微脉管三维网络的植入比较困难。微脉管的植入有两种方式,一种是在材料成型后再将微脉管网络雕刻出来,另外一种是在材料整体成型的同时植入,即在母体聚合之前放置另一种材料制成的模具,当母体固化后再将其去除。White S 等人利用 3D 打印技术,将一种基于石蜡有机"墨水"制成了 3D 微脉管支架模具。有机"墨水"中含有分子量不同的烃类化合物,经冷却后发生部分结晶成为固态 3s o 3D 微脉管支架的形状结构由计算机程序确定,打印时可自动选择不同的喷嘴尺寸。将模具用干冰/丙酮冷却至-70℃,再注入树脂基体。基体聚合固化后,整体加热并轻微抽真空即可释放出结晶的"墨水"。这种方法适用于固化温度比较低的环氧树脂体系,整个植入过程见图 6-7。

(a) 3D喷嘴将"墨水"打印为微脉管支架模具　　　(b) 模具中注入树脂基体

 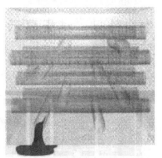

(c) 树脂凝固,结构成型　　　　　　(d) "墨水"流出,微脉管形成

图 6-7　打印技术植入微脉管的工艺示意图

4. 修复剂与催化剂

根据不同的修复剂和催化剂的选择，填充型自修复材料可以划分为不同的自修复体系，主要有以下三种：

（1）环戊二烯二聚体/Grubbs催化剂。环戊二烯二聚体（DCPD）在Grubbs催化剂的作用下发生开环易位聚合（ROMP），可以形成交联网状聚合物修复裂纹。由于环戊二烯二聚体黏度小，ROMP反应可以在室温下迅速发生，对催化剂Grubbs的含量不敏感等优点。但是催化剂Grubbs价格昂贵，容易失去活性，制约了这种自修复体系的发展。

（2）聚二甲基硅氧烷/铂催化剂。Keller制备了双微胶囊体系的聚二甲基硅氧烷橡胶，一种微胶囊包覆乙烯基的高分子量PDMS和铂的催化剂，另一种微胶囊包覆含有活性单元的PDMS共聚物。微胶囊破裂释放囊芯时，含乙烯基的PDMS和PDMS共聚物在铂催化剂的作用下，发生聚合反应修复裂纹。

（3）环氧树脂/固化剂。由于环氧树脂价格便宜、固化剂种类多、粘接性强，非常适合作自修复材料的囊芯。容敏智课题组首先报道了基于环氧树脂微胶囊技术的潜伏型固化剂和双胶囊两种自修复体系。潜伏型固化剂体系是指环氧树脂中加入环氧树脂微胶囊和潜伏性固化剂 $CuBr_2$ 和2-甲基咪唑，释放出的环氧树脂和潜伏性固化剂在加热的条件下发生聚合反应。双胶囊体系包括环氧树脂微胶囊、硫醇和叔胺催化剂微胶囊，微胶囊破裂后，环氧树脂和硫醇在叔胺催化剂的作用下发生聚合反应。

5. 填充型自修复材料的特点

总体来说，填充型自修复材料具有如下优点：

（1）修复能力比较强，而且修复部位的性能比较好。

（2）由于通过裂纹撕裂胶囊等载体释放出修复剂，因此，可自主修复并且位点专一。

存在缺点如下：

（1）由于微胶囊、中空纤维等载体中包裹的修复剂容量有限，修复效率较低，当填充量为0.5%时，自修复效率为56%，提高填充量可提高自修复效率，但严重影响材料机械、电气性能，填充量为5%时，自修复效率为85%，但拉伸强度下降22%，击穿电压下降50%，导致失去使用价值。

（2）修复速度比较慢，修复剂需要6~12h才能完全固化。

（3）它们的制造工艺比较复杂、难度较高，因为首先需要制造微胶囊等载体，然后再把微胶囊等载体和基体结合起来。

（4）微胶囊等载体的强度较难控制，强度高则造成裂纹产生时无法撕裂载体导致修复无法释放出来，强度低则导致未产生裂纹等就提前释放，两种情况均无法达到自修复的目的。载体的材质需要较强的抗渗透性能，否则修复剂容易提前渗透出来，失去自修复的作用。

（5）微胶囊在基体中的分布均匀度难以控制，特别是粒径较大的情况下，造成自修复性能大打折扣；缩小粒径可以提高均匀度，但增加制作难度。

（6）微胶囊破裂后，修复剂一次释放，只能单次修复，不适用于存在多次损伤的情况。

6.4.2　动态共价键自修复材料

动态化学键的本质特征是"动态"和"可逆"。动态键使高分子链之间互相交联成网格结构，从而使高分子网格实现动态/可逆的断裂—重组，达到自我修复的目的。因此自修复高分子在受到破坏后能恢复到初始的形状和性质。由于修复过程的可逆性，基于动态化学键的自修复高分子材料可承受多次的破损—修复循环，并且无需添加修复剂和催化剂等物质。同时，这种自修复体系将自修复引入分子领域，将自修复的设计和实施提高到了一个新高度。

动态共价键是一类特殊的共价键，一方面，它在一定程度上保持有共价键的性质，但另一方面又具有可逆性，可在一些外界因素，如热、光照、pH 值等的作用下，可逆地断裂和生成，到目前为止对于可逆共价键的研究，包括 Diels-Alder 键、酰腙键、双硫键、B—O 键、亚胺键等。

1. Diels-Alder 键

所谓的 Diels-Alder 反应，即指在化学反应中含有二烯体的化学物质与含有亲二烯体的化学物质之间发生加成反应而形成环状化合物。在一定温度下，发生 DA 的逆反应，高分子材料转化为聚合前的低聚物单体，不需要额外加入催化剂或者修复剂，在正向 DA 反应温度下又重新生成环状物，从而实现材料的自修复。

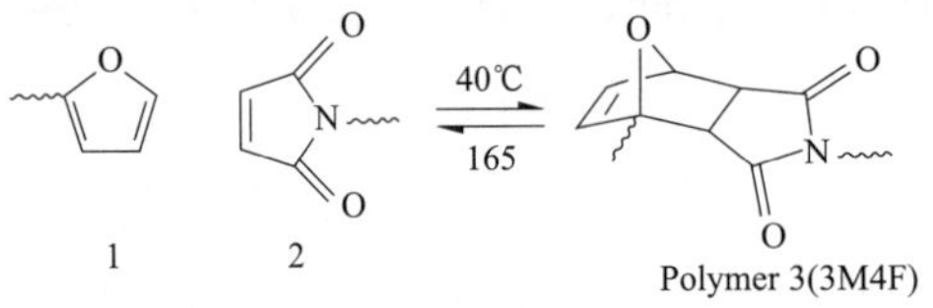

图 6-8　Diels-Alder 反应反应式

图 6-8 为可逆体中接入二烯体，DA 反应的反应通式。可以看出，DA 反应设计灵活，只要单另一单体接入亲二烯体，修复，且可以构建在分子主链或者支链上。在一定条件下就可以使聚合物实现自 DA 环加成反应的聚合物经历了从线性聚合物到三维网络交联热固性聚合物的发展。

Wudl 等人制备了一种聚呋喃-聚马来酰亚胺的交联共聚物。此共聚物体系中含有大量热可逆的 Diels-Alder 反应共价键 Diels-Alder 反应（DA 反应）具有热可逆性，反应条件温和，无需催化剂且副反应较小，常用于制备自修复聚合物。DA 反应是热诱导呋喃基上的二烯体和酰亚胺基团上的亲二烯体发生［4＋2］环加成反应，DA 加成物在高温下将发生裂解反应（DA 逆反应），变成单体二烯体和亲二烯体，温度降低时它们发生

DA 反应，自修复原理示意图见图 6-9，自修复效果见图 6-10。

　　Tian 等使用 2-甲基呋喃胺与环氧氯丙烷合成含二烯体的糠基缩水甘油胺，与含亲二烯体的双马来酰亚胺反应制备了含 DA 键的环氧树脂，赋予了其自修复性能。Peterson 等通过使用含三烯体的环氧单体与含呋喃基团胺类固化剂反应，得到胺类固化型呋喃-环氧树脂，再与双马来酰亚胺反应制备了含 DA 键的自修复环氧树脂，其修复率可达 70％以上，试样经过三次修复后，其修复率仍可达 68％以上，通过显微镜可观察到经过热处理后，断裂处得到修复。

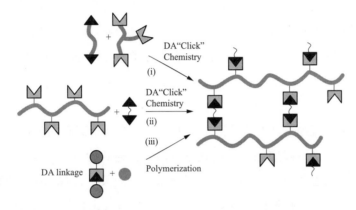

图 6-9　基于 Diels-Alder 可逆反应的自修类型

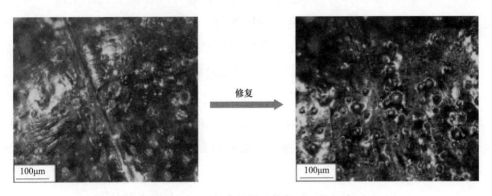

图 6-10　可逆共价键样品修复后显微相片

　　Lehn 等人发现了以 CDC l₃ 为溶剂，在 250℃条件下，富烯与二乙基二氰基富马酸能够进行可逆反应，为 Diels-Alder 反应在动态共价化学的构建中奠定了基础。Wudl 等利用呋喃和马来酰亚胺，通过 DA 反应制备了含有交联网络结构的聚合物材料，在高温时进行 DA 的逆反应，结果显示，这一可逆的反应过程使材料的断裂韧性恢复了 57％，而聚合物材料的透明性和机械力学性能与市售的环氧树脂和不饱和聚酯相当。Liu 和 Hsieh 等研究了利用简单途径合成含多官能度的马来酰亚胺单体和呋喃单体的共混高分子，呋喃和马来酰亚胺单体可认为是环氧基化合物，用于连接环氧树脂。在经过热处理后，通过开环和闭环的热可逆反应，实现了对材料裂纹处的完全修复，且可以实现多次重复修复。Zhang 等人证明了利用 DA 反应来交联线性的半结晶性高分子材料可以产生诸如形状记忆和自修复等特性，他们发现，经过热处理后的线性二呋喃封端的聚四甲醛和聚（p-二氧环己酮）交联产物可以实现可逆修复，在 150℃进行逆向 DA 反应、75℃进行 DA 反应后，断裂样条的拉伸强度可以恢复到初始状态的 75％。

因此，可以看出 Diels-Alder 反应的特点是热可逆，所以，将此反应用于聚合物材料的自修复研究意义重大。Diels-Alder 反应作为一种新的自修复方法，目前越来越多地应用于自修复材料中，但基于适合 Diels-Alder 反应的聚合物材料种类较少，实际的产品性能难以满足工业化的需求，因此，我们需要寻找更有效的 Diels-Alder 反应材料，以实现实验研究向工业化的转化。

2. 双硫键

双硫键，又称二硫键，是由硫醇衍生出来的，键能低于碳碳共价键，普遍存在于动植物体中，所以双硫键一般应用于生物化学领域，其通式为 R-S-S-R。双硫键用于自修复材料的研究历史较短，2007 年 Nitschke 等发表了一篇关于含有苯环的双硫键化合物的研究文章，文章指出，含有苯环的双硫键化合物比脂肪族化合物中的双硫键更容易发生易位交换达到平衡。同时为后来双硫键自修复材料的合成提供了理论支持。Odriozola 等利用含有苯环的二氨基二苯二硫醚作为扩链剂，将聚醚多元醇作为主链合成了具有一定自修复性能的聚氨酯材料，不加催化剂即可实现自修复，基本上可以实现常温自修复，但材料的物理机械性能较差，最高拉伸强度只有 0.8MPa。纽约大学阿布扎比分校的研究人员研制了一种自修复分子晶体材料，这种材料的化学名称叫二硫化二吡唑秋兰姆（1H-pyrazole-1-carbothioic dithioperoxyanhydride），它的特点是内部有一种叫二硫键的共价键，这种键具有较好的可逆性，容易反复开裂和结合。二硫键的反应机理见式（6-1）。

$$R\text{-}S\text{-}S\text{-}R' + R''\text{-}S\text{-}S\text{-}R''' \longrightarrow R\text{-}S\text{-}S\text{-}R'' + R'\text{-}S\text{-}S\text{-}R''' \tag{6-1}$$

式（6-1）为双硫键的自修复机理，双硫键不如碳碳共价键稳定，所以 S-S 共价键容易发生断裂，断裂后的 S-S 键与别的断裂的 S-S 键又重新连接起来形成新的 S-S 共价键。由于双硫键不需要外界条件即可实现易位交换反应，所以利用双硫键制备的聚合物可以在无修复剂、加热或者加压条件下，就可以实现材料的自修复，且可以实现多次修复。

特定结构的二硫键之间在一定条件下还可以发生交换反应。二硫键交换反应的难易程度与二硫键的结构有关，芳香型二硫键（与苯环直接相连的二硫键）通常比脂肪族型二硫键（与烷烃相连的二硫键）更易发生交换反应；在过渡金属等催化剂存在的情况下，二硫键之间也更容易发生交换反应。Rekondo A 等人制备了芳香型二硫键交联的聚氨酯热固性弹性体，由于该芳香型二硫键不需要催化剂，在室温下即可发生交换反应，使得该聚氨酯热固性弹性体在室温下即可自愈合，是具有良好应用前景的自修复材料。

3. 酰腙键自修复

在众多的可逆共价反应中，通过醛基的缩合反应制备酰腙键具有合成简单，产物结构多样，产率高，反应迅速等特点，以及反应的可逆性可以通过平衡条件的控制，以及在生物、医学和材料学的作用和潜在应用，引起了越来越多的研究者的兴趣。

如图 6-11 所示，在酸的催化下，酰腙键的形成是可逆的。利用这种反应的可逆性和交换性，可赋予聚合物自修复性能。Ono 等制备了线形的聚酰腙，发现在氯仿溶液中，全氟辛酸与酰腙键的摩尔比为 2.5：100 时，聚酰腙可以和含有醛基和酰胁官能团的单体发生交换，使聚合物的机械性能从柔性转变为刚性。Ono 等还制备了具有不同的颜色和荧光性的线性聚酰腙薄膜，发现在氯仿溶液中，全氟辛酸和酰腙键的摩尔比为 0.1：1 时，将两片薄膜叠放到一起，在酸的催化作用下，聚合物的两单体在两片薄膜间发生了交换，两片薄膜处的颜色和荧光性发生了改变，Ruff 等制备了支化的聚酰腙，研究了聚酰腙在氘代水溶液中（pH＝4～6）的动态交换反应，发现聚合物通过单体的交换反应实现了聚合物光学性能的改变，DENG 利用酰腙键的动态可逆性，制备了一种 pH 响应的聚合物凝胶，在酸性条件下实现了溶胶—凝胶转换的相变。

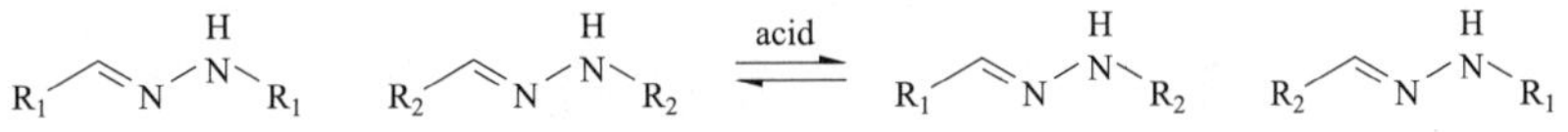

图 6-11　酰腙键的自修复机理

酰腙键在自然界中是普遍存在的，所以含酰腙键的聚合物在通常情况下是可以稳定存在的。并且酰腙键有自己独特的性质，即可以通过调节 pH 来控制酰腙键的断裂和生成，进而控制材料的自修复行为。当 pH 值大于 4 时，聚合物凝胶可以稳定存在，当 pH 值小于 4 时酰腙键断裂，聚合物由凝胶向溶胶转变，当调节 pH 值增大时，材料又可实现溶胶—凝胶转变，实现对材料的自修复。利用酰腙键来研究自修复材料具有良好的发展前景，目前国内外的研究也趋于成熟，但还只局限于实验研究阶段，距离实际工业生产还有一定的差距。

4. B—O 键

硼氧键作为一种典型的动态共价键，兼具热力学的稳定性和动力学的可调控性。硼氧键的键能约为 124kcal/mol，但硼酸酯的交换反应可随相邻基团的变化大幅度调控。但由于硼酸酯的交换反应只能在有水的反应下进行，因此大多数基于硼氧键的高分子材料都是水凝胶形态。

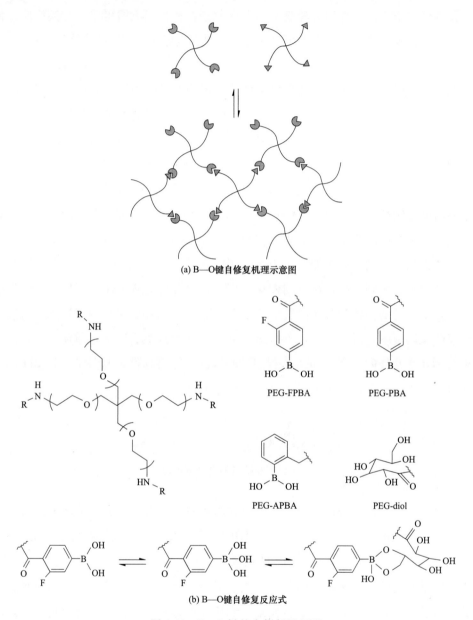

(a) B—O键自修复机理示意图

PEG-FPBA

PEG-PBA

PEG-APBA

PEG-diol

(b) B—O键自修复反应式

图 6-12 B—O 键的自修复机理图

基于硼氧键的水凝胶的稳定性可由 pH 调控 He L 等人合成了基于硼酸和邻苯二酚的聚乙二醇水凝胶。在碱性条件下（pH＞9），水凝胶中形成稳定的硼氧键。但由于硼氧键的动态性，仍有一部分单体未发生反应，这也为自修复提供了有利条件。这种水凝胶在 30s 内就能通过自修复使表面切口消失。Yesilyurt 等人对这种类型的水凝胶随 pH 的力学性能变化作了跟踪，并观察到水凝胶在注射的剪切力的作用下茹度明显降低（剪切变稀），因而能达到快速自修复的目的。Vatankhah-Varnoosfaderani 等人也合成了对 pH、热、离子敏感的硼-氧自修复水凝胶。

Cash J 等人合成了第一例基于硼氧键的自修复固体（膜）材料。在自然条件下，经过三天的自修复，材料拉伸的峰值应力和拉伸长度都达到了断裂前的水平。但是膜的切口在自修复前须涂抹一层水，以使硼氧键生成硼酸，再通过加热脱水的方法实现交换重组。

Cromwell 等人在苯硼酸酯的邻位时位上分别设计了不同的取代基团，进行硼酸酯交换速率的调控。其中，慢交换基团由二醇链组成，而快交换基团由氨基链组成。快交换高分子比慢交换高分子表现出更优秀的延展性，并且通过切成小块再在 80℃下加热的方法可以再加工。通过自修复前后的拉伸测试发现，在 50℃修复 16h 后，快交换高分子的杨氏模量和韧性模量均达到材料破坏前的水平，而慢交换高分子只有微弱的修复效果。由于高分子链的主体部分采用疏水性的烯烃（含 20％聚二醇链）作为基体，阻止了水分侵入到交联网络中，因此合成的膜并没有明显地表现出硼酸酯的水分敏感性质，在水中浸泡后再进行切断自修复，各个力学性能并没有受到任何影响。

5. 亚胺键（C＝N）

亚胺键也是一种重要的动态共价键，极易水解生成醛/酮和胺，其中席夫碱是最典型的代表。Wei Y 课题组利用壳聚糖结构中的氨基，以及末端修饰醛基的聚乙二醇，通过席夫碱的亚胺键交联合成了壳聚糖—聚乙二醇水凝胶。他们将水凝胶制成环形，由于壳聚糖和聚乙二醇逐渐交联成网络结构，经过两个小时的自修复，凝胶中间的孔完全消失，并且其流变学模量也达到修复前的水平。酸碱（pH）可以影响席夫碱水解的动态平衡。这是一种环境友好型修复水凝胶。

有趣的是，当席夫碱的 C＝N 双键（尤其是席夫碱的 N 原子）和苯环或含取代基的苯基相连时，席夫碱中存在交换反应，见图 6-13。Lei Z 等人 64 通过液相色谱跟踪两种不同取代基的席夫碱的反应过程，发现反应中有自由基出现，并最终形成两组不同的交换产物。利用席夫碱本身的动态交换反应，他们在聚丙烯酸酯分子链上修饰芳香基团，和甲基联苯胺通过交联反应合成了具有双亚胺基团的弹性高分子。通过拉伸测试和流变学测试发现，通过席夫碱的交换反应，高分子链之间发生排列重组，能使高分子膜在没有任何催化剂和加热等外界条件干扰下的修复效率接近 100％，并且多次断裂自修复后的修复效率没有明显下降。

6. 光化环加成反应

很多含烯烃的化合物在光照作用下可以发生环加成反应生成烷烃，生成的烷烃在波长较短的光照下发生逆反应重新生成最初的烯烃。将这些光响应的基团引入到高分子中，可得到具有光可逆响应的动态交联高分子聚合物。

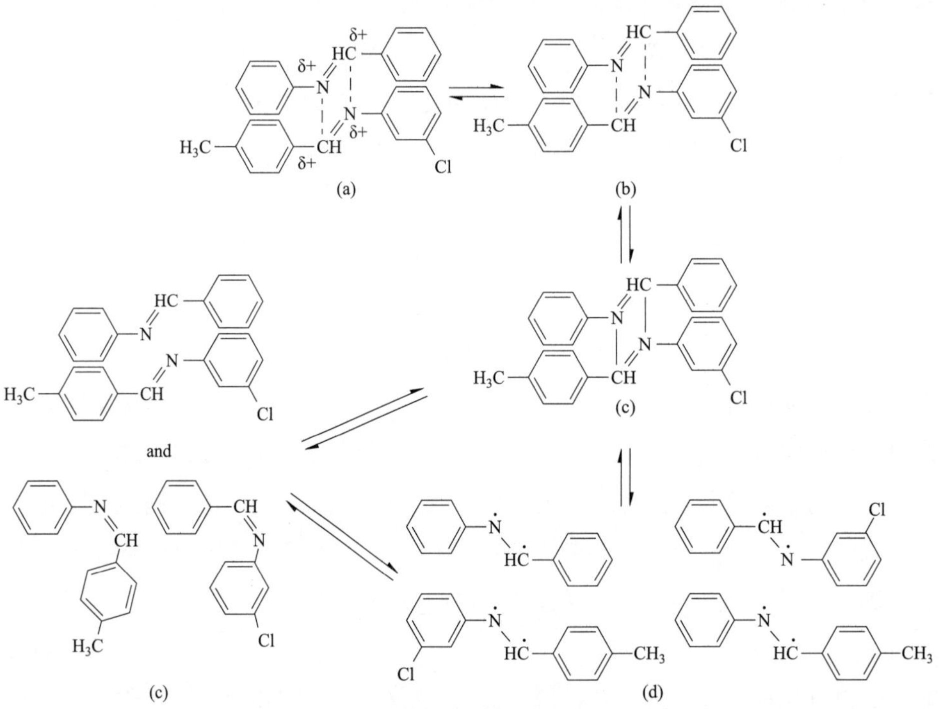

图 6-13　含芳香基团的席夫碱的交换反应

Chung C 等人首次将光化环加成反应引入到高分子的自修复，原理示意图如图 6-14 所示。为证明聚合物固体中光可逆反应的存在，他们用紫外光照射（$\lambda > 280\text{nm}$）含有肉桂酰单体的 1，1，1-三（肉桂酰氧甲基）乙烷以使其发生 [2＋2] 环加成反应，从而得到了具有交联网络结构的高分子聚合物。红外光谱显示光照后肉桂酰基团中 C＝O（1713cm^{-1}）和 C＝C（1637cm^{-1}）的特征振动峰强度明显下降，表明了周环反应的发生，也就是环丁烷衍生物的生成。对产物进行研磨时，C＝O 和 C＝C 的特征峰又重新出现，说明在力的作用下环丁烷单元发生断裂。重复的光照—研磨观察到相同的现象。利用这种光化学环加成反应，他们将含甲基丙烯酸甲酯单体的 2 和 3，以及 1 进行光化学聚合，合成了具有光致自修复性质的固体膜材料。反应用樟脑醌作为光引发剂，在紫外光照（$\lambda > 280\text{nm}$）作用下迅速得到含 1 的 [2＋2] 环加成产物的坚硬且透明的膜。对断裂的膜分别进行紫外光照（10min）和加热（100℃）自修复，发现修复后的膜的抗弯强度只达到断裂前的 20％，修复效果并不理想。后来，Ling J 等也利用 5，7-双（2-羟基乙氧基)-4-甲基香豆素的 [2＋2] 环加成反应合成了聚氨酯膜，在室温且没有其他催化剂的条件下，单次自修复效率可达到 100％。

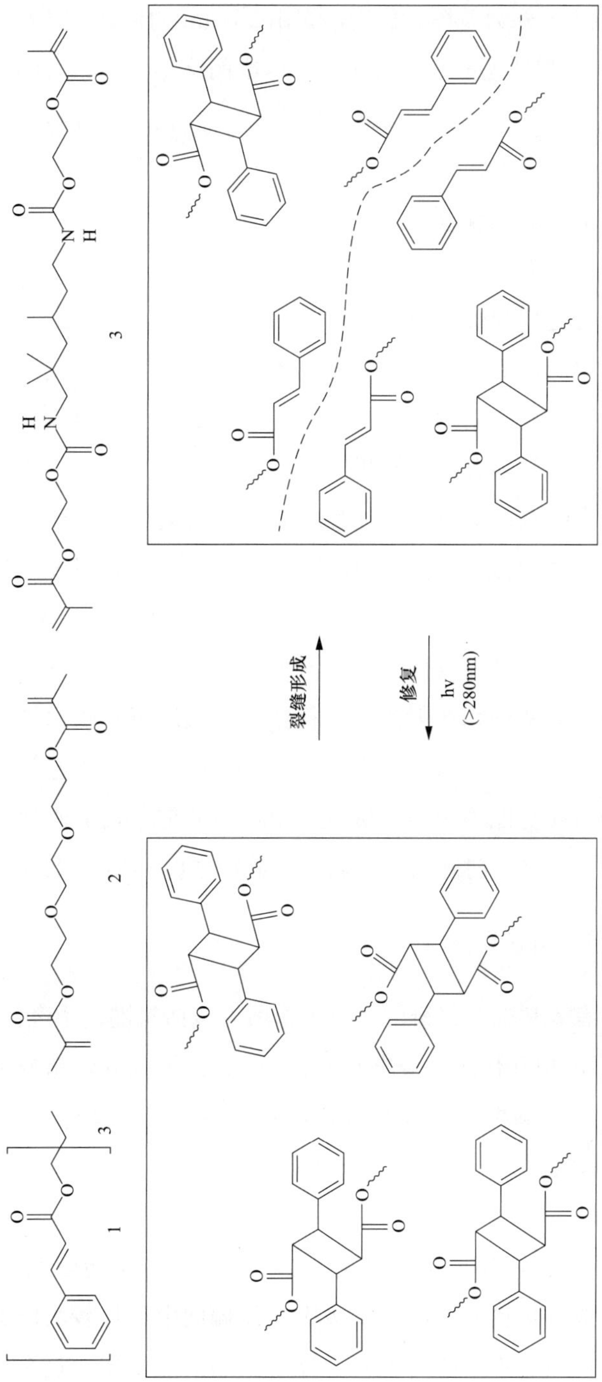

图6-14 [2+2] 光化环加成聚合物的结构和自修复原理示意图

光致自修复高分子聚合物合成的另一个实例是［4＋4］光化环加成反应，其方法是将含有蒽基的高分子通过二聚作用，交联成为树枝状的固体膜。聚合后，高分子的几从－46℃升高至75℃。当受到外力破坏断裂后，先用254nm的紫外光照射使聚合物内部生成大量单体，再用366nm紫外光使其重新交联聚合成网络结构，聚合物单体的生成和交联均在室温下进行。

7. 动态共价键自修复材料特点

动态共价键自修复材料的优点包括：

（1）操作简单，容易实现。

（2）不需要专门的催化剂和修复剂。

（3）由于反应是可逆的，所以可以对裂纹进行多次重复修复。

（4）修复性能比较好，测试表面进行两次修复后，断裂位置的强度还能达到原来的78％。所以，这种材料是一种很有前景的新材料。

但是，这种材料有个缺点，就是需要加热。如果所需的加热温度较高，就不容易实现自修复。有的研究者开发的自修复材料加热温度是30～40℃，只要经过阳光照射就可以实现自修复。

有的可逆反应自修复材料需要其他方式的激发，比如，美国和日本的研究人员共同开发了一种材料，它需要被紫外线照射激发，材料中的硫原子和碳原子间会反复形成共价键，从而实现自修复。

动态共价键材料的自修复能力很强，资料介绍：即使把它切成碎块，只要把它们重新拼在一起，用紫外线照射一定时间后，它们就会重新"长"在一起！

6.4.3　超分子作用力自修复材料

这类材料体系中含有大量非共价键的超分子作用力包括氢键、主客体包合相互作用、疏水作用、金属离子-配体相互作用、静电相互作用、π-π堆砌等，超分子作用是一种可逆的弱相互作用，破裂后能够再次形成而具备自修复性能，自修复可以是有条件刺激，如：光、热、pH值或催化剂。

1. 氢键自修复材料

Bemal和Huggins在1935年正式提出氢键的概念。氢键是指当氢原子与F、O、N等电负性较大的原子形成共价键时，电子被吸引从而偏向电负性较大的原子，此时氢原子形成氢离子状态，从而吸引临近的F，O，N原子上的孤对电子，这是氢原子介于两分子的N，O，F原子之间形成了和价键结构类似的结构，称为氢键。氢键的基本构成为B—H—C，一般将B—H结构称为质子供体，B为质子供体。氢键是超分子化学最为常见的一种动态非共价键，键能 565kJ/mol，具有选择性和方向性。当体系中形成氢键时，受体上一部分电子云向供体转移，造成供体电子云密度增加，同时 B—H 键被拉长，伸缩振动频率降低。氢键的强度与很多因素有关，不仅包括静电作用，分子极性，电荷转移能，而且溶剂极性与温度也会对氢键强度造成影响。常见的氢键体系有：羧基/吡啶，羧基/叔胺，酚羟基/叔胺，酚羟基/脲羰基，羧基/咪唑等都可以形成稳定的氢键。由于氢键的可逆性、普遍性和多样性，成为自修复体系中研究最多的一种动态非共价交联键，例如：Phadke A 等将氢键引入侧链，主链发生共价交联得到力学强度较好的水凝胶，而具有一定长度的侧链可灵活伸展，侧链相互间的氢键作用则赋予体系受损之后的自愈性。Chen Y 等人报道了一种多重氢键刷自修复体系，通过精心设计软段和硬段，实现了材料强度与自修复性能的提高。这种单组分固体材料修复过程无需任何外界刺激。

　　Cui 等人合成以 2-脲基-4-嘧啶酮（UPy）与 2-二甲胺基-甲基丙烯酸乙酯（DMAEMA）共聚，UPy 基团间靠四重的氢键（N—H⋯N、N—H⋯O）的二聚体，当氢键断开后，能够重新形成，因而具备自修复功能，共聚物的化学结构与自修复机理示意图见图 6-15（a）、图 6-15（b）。共聚体在 pH＞8 时是水凝胶状态，而在酸性条件下为溶液状态，因此，形成自修复水凝胶是受 pH 值影响的。

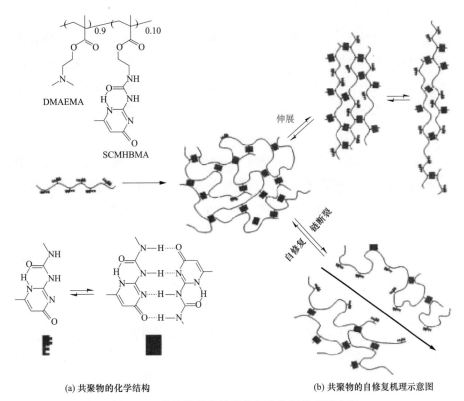

(a) 共聚物的化学结构　　　　　　　　　(b) 共聚物的自修复机理示意图

图 6-15　共聚物的化学结构与自修复机理示意图

澳大利亚的研究者研制了一种自修复材料，它的化学成分包括支链淀粉、水和盐，支链淀粉和水分子之间会形成氢键。原有的氢键断裂后，在一定的条件下，又会重新组合，所以，这种材料有很好的自修复性能。发生破裂后，把碎块拼在一起，在室温下放置几秒钟，碎块就能"长"在一起。如图 6-16 所示。

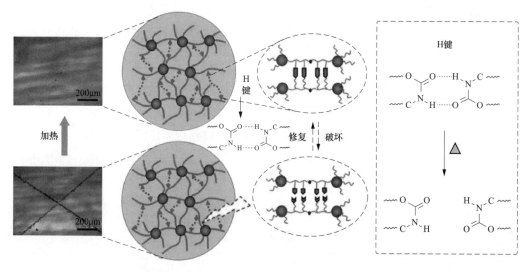

图 6-16　基于氢键的自修类型

Cordier P 等人合成了含有多重氢键的玻璃态聚合物（Tg＝28℃）。当聚合物加热到 90℃时转变为弹性体（伸长率 350％），且在伸长率 100％内可自动恢复到原始长度。继续加热到 160℃以上，材料变为可流动的黏性液体状。红外光谱发现，在温度降低时，材料中 N—H 键的峰强度降低，而结合为氢键的 N—H 强度增强，说明材料在高温下氢键发生断裂，而低温下又可以形成。通过拉伸曲线测试发现，由于材料中多重氢键的共同作用，在常温（20℃）下 3h 内的自修复性能即可完全恢复。但当高分子膜断裂后不立即接触，而是经过不同时间的老化后，其修复效率明显下降。这是因为在老化过程中，断开氢键的游离基团之间互相结合，降低了修复时有效氢键的数量。

2. 疏水的相互作用

疏水的相互作用是通过疏水物质的疏水基于水的相互排斥作用，含有疏水基团相互靠拢聚集形成暂时的交联点，疏水相互作用长度可达到 100 纳米，而其他分子相互作用只有 5 纳米。表面活性剂胶束是最常用的疏水作用交联点，胶束的可逆分解与形成赋予材料自修复能力。Hao 等人将 5-甲基水杨酸与十二烷基三甲基溴化铵按一定比例混合得到大量囊泡的溶液，再将通过 C12 烷基修饰的壳聚糖混合得到水凝胶，此种水凝胶具有热响应性，加热则囊泡破裂，降温则囊泡重新生成，使其在溶胶-水凝胶之间可逆转变，其自修复原理见图 6-17。

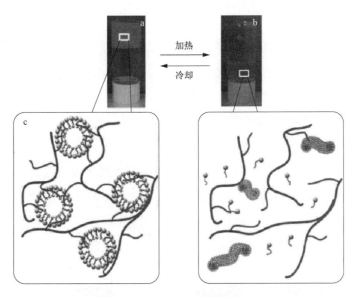

图 6-17   水凝胶热响应相变原理

  Deniz 等人研制的水凝胶自修复效果更为显著，将带有长链的甲基丙烯酸十八烷基酯单体溶解于十二烷基硫酸钠的氯化钠溶液中，再与丙烯酰胺单体共聚，形成水凝胶，两段切开后互相接触若干秒，就能融合在一起，自效率能够达到 100%，所能承受的应力与原始的水凝胶一致，而形变达到 3600%，见图 6-18。甲基丙烯酸十八烷基酯与十二烷基硫酸钠的疏水的相互作用是其优异自修复性能的原因。

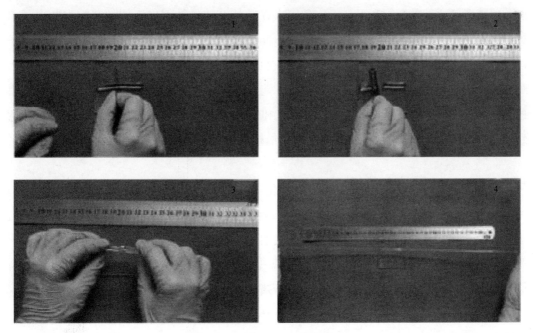

图 6-18   水凝胶的自修复行为

3. π-π 间的相互作用

π-π 间的相互作用是指不同芳香环之间的相互作用，通常存在于相对富电子和缺电子的两个分子之间，常见的堆叠形式包括面堆面和边堆面两种，例如：边堆面的相互作用可看作一芳环上轻微缺电子的氢和另一个芳环上富电子的 π 电子云之间形成的氢键。Greenland 等人通过计算机预测了柔性聚合物末端缺电子基团与聚合物链端富电子基团存在堆叠形式，即 π-π 堆叠，当材料遭受破坏时，环境条件的改变，使两种电子基团发生滑动，形成堆叠，材料因此获得自修复。LIU Han 等人通过在聚丙烯酰胺的弹性结构上原位复合聚多巴胺预聚体（PDA），形成聚丙烯酰胺-聚多巴胺水凝胶，该聚多巴胺预聚体上含有大量的酚羟基，PDA 之间的酚羟基形成可逆的非共价键，包括 π-π 堆叠和氢键使其具备自修复能力，见图 6-19。

图 6-19 聚丙烯酰胺-聚多巴胺水凝胶撕裂-修复试验

4. 离子间静电作用力作用

离子间之间的相互作用力又称离子键，由分子之间的电荷移动形成的，改变 pH 可以造成离子键之间的断裂和形成。Sun 等人在紫外灯的条件下将液体的咪唑类的离子单体（正电）与甲基丙烯酸 3-磺酸丙酯钾盐（负电）进行共聚，进行透析，除去抗衡离子以增强两种基团（咪唑基团与磺酸基团）之间的静电作用，制备出具有自修复性能的水凝胶，经过 3 天的透析后，水凝胶的机械性能更强，拉伸强度达到 1.3MPa，断裂伸长率达到 720%，水凝胶受到破坏后，断裂面互相接触，24 小时实现自修复，自修复效率达到 91%，图 6-20 为聚两性电解质的合成和结构示意图。

5. 配位键

超分子化学中很多术语都是来自配位化学，如受体、配体、识别、底物、组装等。配位键从高度动态可逆到不可逆强度不等，利用多齿配位的配合物中心金属和高分子之间形成的动态共价键，可以合成具有自修复性质的高分子。调控金属和配体的不同，含配位键的高分子可能具有优异的光学性质或其他外界刺激响应能力，并且力学性能和自修复性质可根据配体与金属的配比不同进行热力学和动力学上的自由调控。

科学家们研究了贻贝通过足丝粘附在物体表面的原理，发现它们是利用自身含有的多酚类物质，如含邻苯二酚的氨基酸（3，4-二轻基苯丙氨酸），和物体表面的铁形成配位键，从而粘附在物体表面。根据这一原理，研究者们利用动态可逆配位键合成了一系列基于邻苯二酚类配体的自修复材料。这些材料多是水凝胶，并且自修复过程受 pH 的控制和影响。

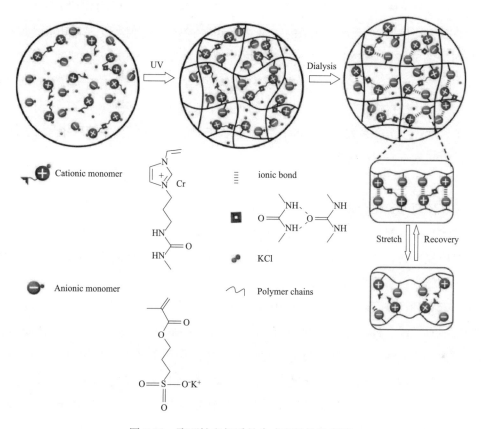

图 6-20　聚两性电解质的合成和结构示意图

Weder C 课题组用三齿螯合配体 2，6-双（1-甲基苯并咪唑）将聚（乙烯-co-丁烯）分子链两端封端，再与 Zn（Ⅱ）通过六配位自组装合成高度交联的弹性高分子膜。利用光转化为热的方式，对合成的膜进行自修复。当紫外光照射到断裂处时，配合物吸收的光通过电子激发转化为热能，在热的作用下发生短暂的断裂分离，高分子的粘性也随之增加，从而达到快速有效的自修复。紫外光照射到膜表面 30s 后，局部温度高达 220℃以上。高分子配体与 Zn 的配比也对自修复性能有重要影响，游离配体的数量越多，膜的自修复性质越好。当 Zn（Ⅱ）与配体高分子的比为 0.7 时，膜的自修复效率可达到 100%。Mozhdehi D 等人也用含咪唑的高分子与 Zn（Ⅱ）通过四配位组装为两相（柔性/刚性）共聚物体系。合成的膜在室温下 3h 内即可实现力学性能的完全自修复，并且自修复过程不受空气中水分等的干扰。后来，Weder C 课题组用相同的配体三齿螯合配体 2，6-双

(1-甲基苯并咪唑) 将聚 (乙烯-co-丁烯) 分子链两端封端, 与 Eu (Ⅲ) 九配位自组装合成高度交联的弹性高分子膜。将断裂的高分子膜置于超声环境中进行自修复, 其力学性能可完全恢复到初始状态。由于得到的 Eu (Ⅲ) 配合物高分子有很强的荧光, 当配位键发生断裂时, 整个体系的荧光必然会减弱。为了证明高分子在机械力作用下发生了动态配位键的断裂, 他们测试了高分子的溶液在超声下的荧光变化, 发现超声很短的时间 (20s 后溶液的荧光有明显减弱)。而当配体被配位键更强 dipicolinate 取代时, 超声条件下高分子的荧光没有减弱的现象。当液体或固体中含有配位更强的中心离子 Fe (Ⅱ) 时, 在超声或机械拉伸条件下, 高分子中的配位中心离子发生交换, 得到铁配位的聚合物高分子。通过以上一系列定量实验, 跟踪了动态配位键通过金属离子—配体的断裂—交换—重组实现自修复的过程。

6. 主—客体包合

主—客体超分子化合物形成的关键在于, 一是存在非共价键作用力; 二是主体和客体的尺寸大小要匹配。随着超分子化学的发展, 人们设计制备出许多基于可逆主—客体作用的自修复材料, 如环糊精和疏水客体体系, 冠醚和阳离子体系等, 图 6-21 为环糊精和疏水客体体系自修复机理示意图。

Chen 等报道了一种通过磁热效应引发自由基聚合来制备主—客体凝胶。通过磁热效应使得烯酸羟丙酯、N—乙烯基咪唑、p 环糊精在 5 分钟内实现快速共聚反应形成凝胶。该凝胶无需外界刺激即可实现自修复, 在外加磁场的作用下还可以加快自修复过程。室温下, 将被切开的样品切口相互接触, 1h 后可以观察到样品已基本修复。同时, 他们还研究了 N—乙烯基咪唑和 p 环糊精用量比对凝胶修复效率及修复效果的影响。结果表明, 随着 N—乙烯基咪唑/p 环糊精值的减少, 修复所需的时间越长, 而修复效率则出现了极大值。浙江大学黄飞鹤教授等在室温下将侧链带有二苯并 24-冠-8 基团的聚甲基丙烯酸甲酯和以按离子封端的线性聚合物加入到乙睛和氯仿 (1∶1) 的混合溶液中, 超声得到凝胶, 该凝胶表面被破坏后, 随着时间的增加, 被破坏的表面会自动愈合。此外, 他们还研究了 pH 值对该凝胶的影响, 发现 pH 值会影响该凝胶的主—客体作用, 在酸碱条件下能够实现溶胶—凝胶的可逆转变。

Nakahata 等人采用基于 β-CD 与二茂铁 (Fc) 主客体作用的氧化还原反应响应自修复水凝胶, 将 PPA-β-CD 与 PPA-Fc, 该水凝胶具有溶胶-凝胶相转变, 而相转变具有氧化还原反应响应, 原因在还原态的 Fc 是疏水性, 能够与主体分子产生主客体包合作用, 而氧化态的 Fc 是亲水性的, 与主体分子不能够产生嵌套作用, 见图 6-21。

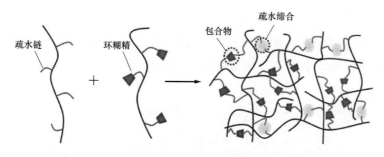

图 6-21　主客体包合机理

7. 超分子作用力自修复材料的特点

超分子作用力自修复材料的优点包括：

（1）通过材料本身分子间的作用力实现自修复，不需要专门的催化剂和修复剂。

（2）可以对裂纹进行多次重复修复。

（3）自修复性能较好，自修复效率可达到 90% 以上。

超分子作用力自修复材料的缺点是分子间的作用力分子间作用能相对于动态共价键来说较小，共价键的作用能达到几百或者上千 kJ/mol，而超分子作用能只有几十 kJ/mol，自修复后机械强度相对较弱，需通过材料改性提高机械强度，如采用多重氢键、超支化技术等。此外，部分超分子作用力自修复材料还需外界条件刺激才能实现自修复。

6.5　其他类型的自修复材料

为了拓展自修复材料的应用范围，人们将各种相互结合，研制出更多性能的自修复材料，以下介绍一些新型的自修复材料

6.5.1　形状记忆自修复材料

这类材料常见的是聚氨酯基材料。它主要依靠共价键、氢键和范德华力互相结合。其中共价键的强度较高，氢键和范德华力的强度较低。材料在受力不太大的情况下，局部发生变形，但并没有发生断裂，因为只是部分氢键和范德华力被破坏了，而共价键并没有断裂。所以，如果对材料进行加热，分子的活动能力变强，氢键和范德华力会重新恢复，变形部分就会恢复，从而完成自修复。如图 6-22 所示。

这种现象属于一种"形状记忆"效应，所以这种材料叫作形状记忆自修复材料。目前的加热温度需要 50～60℃，已经开始用于生产汽车涂料了。

日本的日产汽车公司和立邦公司合作研制了一种汽车涂料，在普通的清漆中添加了

这种形状记忆自修复材料，这种自修复材料的成分是氨基甲酸酯丙烯酸树脂。当车身的涂层产生划痕后，只需要在太阳光下照射一段时间，里面的形状记忆自修复材料的分子活动能力增强，划痕周围的分子之间重新形成氢键和范德华力，裂纹就会闭合。

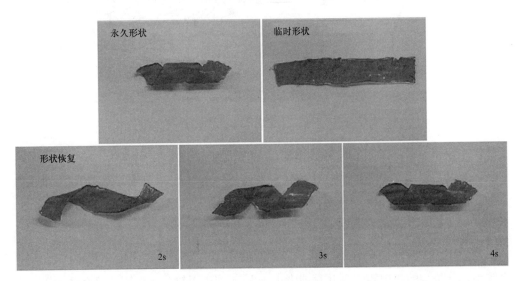

图 6-22　形状记忆自修复材料

日产公司介绍，使用这种涂料，可以消除划痕、擦伤等缺陷，如果把受损部位加热到较高温度，比如用热风吹，自修复速度会更快，需要的时间会更短。

6.5.2　外激励型自修复材料

为了加速化学反应的进行，提高自修复的效率，可以采用光照、加热、施加电场或磁场等措施。2011 年，瑞士的材料学家研制出一种自修复橡胶，它受到紫外线的照射后，裂纹可以自动愈合。另一个研究组研究了一种高分子自修复材料，在上面划了一道 0.2mm 深的划痕，在紫外线下照射了两次，每次 30s，划痕就恢复了。这种材料的化学成分中含有催化剂，比如锌离子和镧离子，它们容易吸收紫外线并发热，从而会加快化学反应的进行，因而能够加速划痕的自修复。如图 6-23 所示。

我国的科研人员用一种叫三硫代碳酸酯交联聚合物的材料研制了一种高分子自修复材料，这种材料在紫外线的照射下，可以发生重排反应，分子链会重新结合，形成新的网状结构。这种材料可以用于沥青裂缝的自修复。

6.5.3　溶剂型自修复材料

这种材料一般也做成"微胶囊＋基体"的形式，只是微胶囊里装的是溶剂。当基体产生裂纹后，微胶囊发生破裂，里面的溶剂会流到裂纹周围，让那里的基体发生溶解，然后，基体分子间重新形成范德华力或氢键，这样，裂纹就闭合了。然后，溶剂会蒸发，基体重新凝固，从而完成自修复。

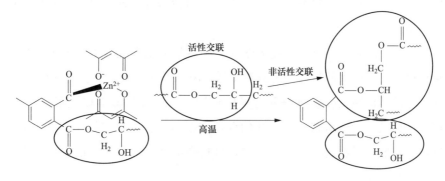

图 6-23　含有催化剂的自修复材料

6.5.4　凝胶型自修复材料

凝胶是一种由分子互相连接形成的空间网络结构的材料，网络空隙中经常填充着液体或气体。

凝胶具有一定的弹性。云、雾、硅胶、动物体的肌肉、皮肤、指甲、毛发都是凝胶。

凝胶型自修复材料出现裂纹后，不需要外界刺激，在室温下分子间就会发生重新结合，形成新的凝胶，从而实现自修复。如图 6-24 所示。

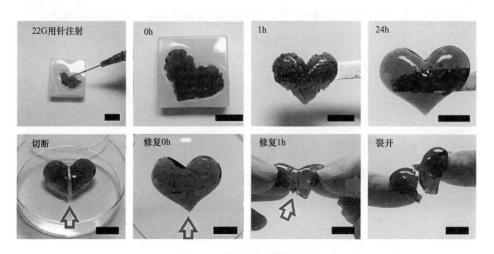

图 6-24　凝胶型自修复材料

2013 年，西班牙的研究人员研制了一种凝胶型自修复高分子材料，把它切成两半后再拼在一起，在室温下放置两小时后，它们就自动结合在了一起。

6.5.5　低温自修复材料

有的设备在低温环境下工作，很多材料在低温时的韧性比较低，更容易发生破坏。在低温环境里，很多自修复材料的效果不理想，因为修复剂的流动性会降低，而且化学反应也不容易进行。

为了解决这个问题，英国伯明翰大学和我国哈尔滨工业大学的研究人员研制了一种低温自修复材料，它最大的特点是可以在很低的温度下（−60℃）实现自修复。

这种材料的结构和微胶囊自修复材料比较接近。在微胶囊里填充了修复剂，另外，基体材料中还加入了导电材料，如多孔的铜片或碳纳米管，它们的作用是通电后，可以产生热量，从而能对材料进行加热。这样，材料内部就能保持较高的温度，修复剂就具有较好的流动性，化学反应也容易进行。

这种材料可以应用于一些特殊环境下的设备中，比如航天器和海洋设备。

6.6　小　　结

自修复材料是近二十年发展起来的新技术，经过多年的研究，开发了多种类型自修复材料，并且在不同领域进行应用探索，取得了一定的成效，但目前在电力领域的应用仍是空白，因此，有必要进行深入的探索。自修复技术能够及时修复材料的损伤，避免材料性能进一步劣化，消除隐患，延长材料的寿命。自修复材料无需对故障点进行定位，无需人工修复，改变了材料的维护方式，节约维护成本，具有广阔的应用前景。

7 电缆的自修复涂层材料的研发与应用

7.1 研 发 背 景

由电缆敷设等电网施工造成电缆护套出现损伤事件屡见不鲜，常见有：①拖拉过程中产生的擦伤；②大弧度弯曲造成局部开裂；③碾压开裂；④受到特定频率振动的长期作用，由此导致疲劳损伤、电缆出现外护套开裂等。从损伤初期来看，首先表现为机械性能的下降，损伤后其抗拉伸强度、断裂伸长率降低。

从长期影响来看，这些损伤导致电缆周围水分、污染物质从外护套表面进入内部，促进了外护套的老化，进一步造成金属护套受到腐蚀，导致金属护套腐蚀穿孔、开裂等，轻则引起电缆金属护套环流增大，降低电缆线路的输送容量，重则造成危害电缆主绝缘，直至绝缘击穿，发生事故。绝缘外护套一旦损坏，采取补救修复维护措施，在受损部位涂覆绝缘材料，有效阻止水分、污染物质的进入。此外，电线电缆常在室外使用，对于室外使用的材料来说，紫外线会引发一系列的光降解反应，导致材料的机械性能下降，褪色等，进而导致材料的寿命会大大缩短，涂覆抗紫外光防护层有助提高材料抗光老化的能力。现有修复剂不具备自修复性能、抗光老化性能，修复层遭受破损，就对基材失去保护作用，也无法抵抗光老化作用。

项目开发了一种具有自修复、抗光老化、超疏水性能的电缆护套修复剂并使其很好地结合在基材表面，既可以防止基材被损伤（表面部分的损伤可由涂层的自修复而消除）又可以延缓材料因紫外线照射而老化，也可防止在自修复过程或者使用过程在破损处渗入杂质、水分影响电气性能和加速老化问题。这样会提高材料的服役年限，降低生产成本。

7.2 合 成 技 术 路 线

7.2.1 合成方案设计

电缆护套修复剂兼具自修复、抗光老化、超疏水性能，在合成方案设计上首先通过向材料中引入主客体超分子作用力，以便赋予材料自修复性能，其次，是引入具有抗光老化的材料，最后，引入具有疏水性能的基团。

主客体包合物是一种分子（客体）包嵌在另一种分子（主体分子）的空穴结构中而制得的复合物。包合物是一种特殊类型的化合物。由分子被包在晶体结构的空腔或大分子固有的空腔中形成。各组分间按一定的比例结合，但不是靠化学键力而是靠组分间紧密吻合，使较小的分子不致脱离。分子的几何形状是决定因素。

主体分子需要有空穴结构，环糊精、胆酸、冠醚、淀粉、纤维素、蛋白质、核酸等均具有空穴结构，可作为主体分子。淀粉的降解物环糊精呈现出大环形的分子排列，可与烃、碘、卤代烷、芳烃等形成包合物；环糊精是直链淀粉在由芽孢杆菌产生的环糊精葡萄糖基转移酶作用下生成的一系列环状低聚糖的总称，通常含有 $6 \sim 12$ 个 D-吡喃葡萄糖单元。其中研究得较多并且具有重要实际意义的是含有 6、7、8 个葡萄糖单元的分子，分别称为 α、β 和 γ-环糊精。根据 X-线晶体衍射、红外光谱和核磁共振波谱分析的结果，确定构成环糊精分子的每个 D(+)－吡喃葡萄糖都是椅式构象。各葡萄糖单元均以 1，4-糖苷键结合成环。由于连接葡萄糖单元的糖苷键不能自由旋转，环糊精不是圆筒状分子而是略呈锥形的圆环，分子结构见图 7-1。

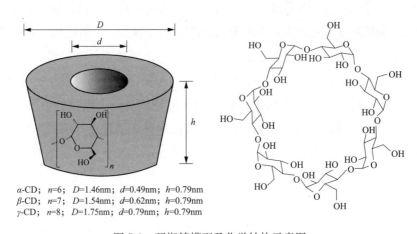

α-CD； $n=6$； $D=1.46nm$； $d=0.49nm$； $h=0.79nm$
β-CD； $n=7$； $D=1.54nm$； $d=0.62nm$； $h=0.79nm$
γ-CD； $n=8$； $D=1.75nm$； $d=0.79nm$； $h=0.79nm$

图 7-1　环糊精模型及化学结构示意图

由于环糊精的外缘亲水而内腔疏水，提供一个疏水的结合部位，作为主体（Host）包合各种适当的客体（Guest），如有机分子、无机离子以及气体分子等。其内腔疏水而外部亲水的特性使其可依据范德华力、疏水相互作用力、主客体分子间的匹配作用等与许多有机和无机分子形成包合物及分子组装体系，成为化学和化工研究者感兴趣的研究对象。这种选择性的包合作用即通常所说的分子识别，其结果是形成主客体包合物（Host-Guest Complex）。

主客体包合类似建设行业的"卯榫"结构，当主体分子的内径与客体分子的外径尺寸越匹配（尺寸相近）结合越紧密，当客体分子尺寸过大时，无法进入环糊精的空腔，而其尺寸过小时则不能与环糊精产生强的疏水相互作用和范德华力作用而得到稳定的包合物。因此，环糊精分子只有与具有适当客体基团的分子才可在溶液中通过包合作用连接在一起，从而组装形成超分子。基于环糊精的结构特点，环糊精疏水性空腔含有疏水基团的客体分子包合，发生分子内与分子间的物理交联，形成稳定的超分子三维网络结构。基于主体分子环糊精对客体分子的性能要求，项目选择金刚烷作为客体分子，其结构示意图如图 7-2 所示，金刚烷（Diamantane）别名为对称-三环癸烷，是一种三环脂肪烃，该化学物质由二聚环戊二烯与氢在适当催化剂存在下反应得到的环状四面体结构的分子，极度亲油，属于疏水性物质，其外径为 0.60nm，与 β-环糊精（β-CD）的内径尺寸相符，因此，选择

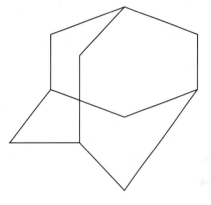

图 7-2　金刚烷化学结构示意图

β-环糊精作为主体分子，金刚烷作为客体分子，两者包合常数达到 10^6，而其他包合物只有 $1\sim10^5$，形成稳定的包合物，提高了合成产物机械强度。

光老化是指高分子材料长期暴露在日光下，由于吸收了紫外线能量，引起了自动氧化反应，导致了聚合物的降解，使得制品变色、发脆、性能下降的过程。二氧化钛是一种良好的抗光老化试剂，二氧化钛的强抗紫外线能力是由于其具有高折光性和高光活性，当粒径较大时，对紫外线的阻隔以反射、散射为主，且对中波区和长波区紫外线均有效，纳米级二氧化钛由于粒径小，活性大，既能反射、散射紫外线，又能吸收紫外线，从而对紫外线有更强的阻隔能力。有机抗光老化试剂如二苯甲酮类、邻氨基苯甲酮类、水杨酸酯类、对氨基苯甲酸类、肉桂酸酯类等有机化合物，化学性能不稳定、寿命短，并且副作用较大，具有一定的毒性和刺激性，而二氧化钛为无机成分，具有优异的化学稳定性、热稳定性及非迁移性和较强的消色力、遮盖力，较低的腐蚀性，并且无毒、无味、无刺激性，使用安全，同时，与同样剂量的有机抗紫外剂相比，它在紫外区的吸收峰更高；而且纳米二氧化钛对中波区和长波区紫外线均有阻隔作用，而有机抗紫外剂只是单一对中波区或长波区紫外线有屏蔽作用，因此，项目选择二氧化钛作为抗光老化剂。

通过在二氧化钛表面包覆聚合物，减小了粒子之间的范德华力，而且产生了一种新的斥力（空间位阻斥力），有利于它在聚合物介质中的分散，以增进二氧化钛与聚合物基体之间的相容性。通过主体分子环糊精空腔中的羟基，OH 与二氧化钛的 Ti-O 发生键

合，在紫外光催化作用下环糊精与 TiO_2 发生接枝反应合成 β-CD-TiO_2，对二氧化钛表面包覆修饰，不仅增进二氧化钛与合成的聚合物的相容性，降低其对聚合物机械、电气性能的影响，同时改善其在聚合物中的分散性。

以 β-CD-TiO_2 作为主体分子与客体分子金刚烷通过主客体包合反应生成主客包合物，如何将主客包合物这个功能基团嫁接到聚合物主链上，这就需要对客体分子进行改性，使其生成带有共价键合成产物。金刚烷甲酸（AD-COOH）氯化亚砜反应获得反应活性强的金刚烷酰氯，再用 2-羟基乙基-甲基丙烯酸酯（HEMA）上的羟基和金刚烷酰氯的氯发生取代反应，合成带有共价键的金刚烷丙烯酸酯，以其作为客体分子与主体分子包合，生成可参与聚合反应的包合物。

丙烯酸丁酯几乎不溶于水，溶于乙醇、乙醚、丙酮等有机溶剂，属于疏水物质，其分子结构带可聚合的共价键，因此，可用作有机合成中间体、粘合剂、乳化剂、涂料等，由于合成电缆护套修复剂基体材料为丙烯酸酯类物质，根据化学性质越相近的物质越容易聚合的原理，选择丙烯酸丁酯作为引入疏水基团的反应物质。包合物与 2-羟基乙基-甲基丙烯酸酯、丙烯酸丁酯聚合合成具有自修复性能电缆护套修复剂，技术方案见图 7-3。

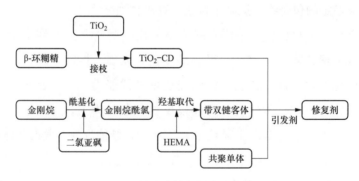

图 7-3　电缆护套修复剂合成方案设计

7.2.2　合成方法

整个合成过程分四个步骤：

（1）制备表面含有主体环糊精基团的 TiO_2 粒子 βCD-TiO_2。TiO_2 纳米粒子通过超声波分散到 βCD 溶液中，通过紫外光的催化作用下合成 βCD-TiO_2，由于在 TiO_2 纳米粒子表面修饰了一层主体分子，由于主体分子对无机纳米粒子的"包覆"作用，增强了无机纳米粒子与高聚物网络结构的相容性，提高了合成材料机械或电气性能。

（2）合成带双键的客体分子。先将金刚烷甲酸（Ad-COOH）酰基化获得金刚烷酰氯，使 Ad-COOH 上的羧基活化成反应活性更高的酰氯基团，再用 HEMA 上的羟基和酰氯反应，制得带双键的客体单体，反应式见图 7-4。

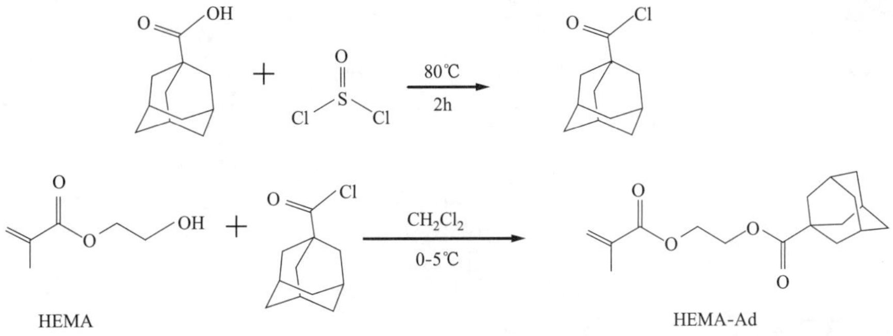

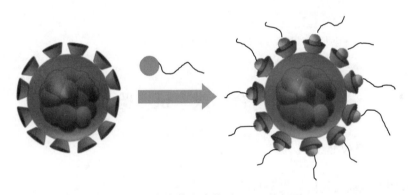

图 7-4　带双键客体分子的合成反应式

（3）合成包合物。β-CD-TiO$_2$ 和 HEMA-Ad 混合在超纯水合成包合物 β-CD-TiO$_2$/HEMA-Ad。主客体包合物对 TiO$_2$ 的包覆如图 7-5 所示。

图 7-5　主客体包合物对 TiO$_2$ 的包覆

（4）制备电缆自修复剂。包合物中的客体分子与聚合单体 HEMA、BA 在光引发剂 AIBN 发生共聚反应合成电缆修复剂。聚合物在主客体的物理交联作用下，形成网络结构的聚合物。合成配方中除了 HEMA 作为共聚单体，还采用 BA 作为共聚单体，主要原因是单纯的 PHEMA 中的链段会在氢键的作用下形成类似结晶的结构，导致得到的薄膜质硬易碎。而引入 BA 则可以在一定程度上破坏 PHEMA 中因氢键而形成的规则结构，增强薄膜的韧性。不仅如此，BA 带有疏水性的丁基，同时增强了涂料的疏水性。HEMA 和 BA 的配比为 1∶1（摩尔比），整个合成步骤见图 7-6。

143

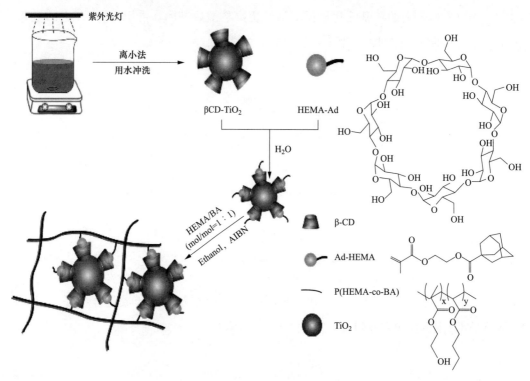

图 7-6   电缆护套修复剂的合成步骤

7.3   合   成   试   验

7.3.1   试剂及仪器

试验采用的试剂及规格见表 7-1。

表 7-1   电缆修复剂 ［β-CD-TiO₂/P（HEMA-co-BA）］ 的制备原料及规格

原料名称	规格	产地
TiO₂	Aeroxide® P25	Sigma-Aldrich
β-CD	分析纯	成都科龙化学试剂厂
三乙胺	分析纯	成都科龙化学试剂厂
2-羟基乙基-甲基丙烯酸酯（HEMA）	分析纯	百灵威科技有限公司
丙烯酸丁酯（BA）	分析纯	成都科龙化学试剂厂
偶氮二异丁腈（AIBN）	分析纯	阿拉丁（上海）试剂有限公司
金刚烷甲酸（Ad-COOH）	分析纯	阿拉丁（上海）试剂有限公司
氯化亚砜	分析纯	阿拉丁（上海）试剂有限公司
罗丹明 B（Rh B）	分析纯	阿拉丁（上海）试剂有限公司
聚氯乙烯（PVC）	K value 59-55	阿拉丁（上海）试剂有限公司

试验用主要仪器设备见表 7-2。

表 7-2   合成试验采用的主要设备仪器

仪器设备以及型号	生产厂家
PC 系列实验室专用超纯水系统	成都品成科技有限公司
SHB-Ⅲ循环水式多用真空泵	郑州长城科工贸有限公司
DHJF-2005 低温搅拌反应浴	郑州长城科工贸有限公司
R-201 型旋转蒸发器	上海申顺生物科技有限公司
T09-1S 恒温磁力搅拌器（四工位）	上海司乐仪器有限公司
84-1A 磁力搅拌器	上海司乐仪器有限公司
DHG-9140 电热鼓风干燥箱	上海齐欣科学仪器有限公司
TGL-20M 型台式高速冷冻离心机	湖南赛特湘仪离心机仪器有限公司
DZF-6020 真空干燥箱	上海齐欣科学仪器有限公司
VRD-8 真空泵	浙江飞越机电有限公司

7.3.2　合成步骤

1. 客体分子 HEMA-Ad 的合成

HEMA-Ad 的合成步骤如下：

（1）首先将 2.3gAd-COOH 溶解于 20mL 氯化亚砜溶液中，在 0℃条件下搅拌 2h，旋干除去过量的氯化亚砜得到金刚烷甲酰氯（Ad-COCl）；

（2）将得到的 Ad-COCl 用 30mL 无水二氯甲烷溶解后，在冰浴条件下逐滴加入 1.0mLHEMA 和 1.6mL 催化剂三乙胺到 100mL 无水二氯甲烷溶剂中。反应 5h 后，将得到的浅黄色溶液依次用 1M 稀盐酸、1M 碳酸氢钠溶液和超纯水进行萃取，二氯甲烷层用无水硫酸钠脱水后，在真空干燥箱中干燥后即得金刚烷丙烯酸酯（HEMA-Ad）。

2. 主体分子 β-CD-TiO₂ 的制备

采用紫外光催化法制备 β-CD-TiO₂。

（1）将 TiO₂ 用超声的方法分散到 β-CD 水溶液中，超声时间 45min，最终溶液中 TiO₂ 浓度为 2g/L，β-CD 浓度为 10g/L。

（2）室温下，采用紫外消毒灯（Cnlight HJ-1401，38W）照射分散液下 48h，离心分离得到固体产物，之后用超纯水洗涤 3 次后冻干得到 β-CD-TiO₂。

3. 制备电缆护套修复剂［β-CD-TiO₂/P（HEMA-co-BA）］

将 213mg β-CD-TiO₂ 和 10mgHEMA-Ad 溶解到 6.0mL 超纯水中，超声 30min 后，继续在室温下搅拌 24h 进行包合，将包合液冻干即得到 HEMA-Ad/β-CD-TiO₂ 包合物，若进行 TGA 测试，HEMA-Ad/β-CD-TiO$_2$ 进一步分别用二氯甲烷和乙醇洗涤三次。

将得到的 HEMA-Ad/β-CD-TiO$_2$ 利用超声分散到 6.0mL 乙醇中，超声 45min，随后加入共聚单体 HEMA1.0mL，8.3mmol、BA 1.2mL 和引发剂 AIBN 5.0mg，混合均匀后在氩气环境中和 55℃条件下聚合 12h，最终得到白色黏稠的聚合物溶液，即修复剂 β-CD-TiO$_2$/P（HEMA-co-BA），样品外观见图 7-7，涂覆在基材上固化后外观如图 7-8 所示。由于氧气对共聚反应有影响，容易导致反应提前终止，因此，共聚反应应在惰性环境中进行。

图 7-7　电缆护套修复剂外观（白色液体）

图 7-8　修复剂涂覆固化后外观
（白色为修复剂外观，黄色为基材）

功能基团主客体包合物加入量的确定：从提高修复剂的自修复性能角度，HEMA-Ad/β-CD-TiO$_2$ 的加入量应该尽可能大，但加入过多 HEMA-Ad/β-CD-TiO$_2$ 可能会导致纳米粒子间的聚集，不利于材料整体性能的提升。分别制备 HEMA-Ad/β-CD-TiO$_2$ 含量为 5wt％、10wt％和 15wt％的修复剂，再对不同包合物含量的修复剂进行扫描电镜分析，检测结果见图 7-9，从它们横截面 SEM 图中可以看出，当 HEMA-Ad/β-CD-TiO$_2$ 含量为 15wt％时出现了比较严重的聚集现象［见图 7-9（c）］，而当其含量为 5wt％或 10wt％时，纳米粒子在材料内部基本呈无规均匀分布。因此，综合考虑自修复性能和纳米粒子间的聚集问题，最终确定包合物的最佳加入量为 10wt％。

聚合得到的白色黏稠聚合物可以直接涂覆在基底材料表面，约 50min 后，大部分乙醇挥发后即可在基底材料表面形成均匀的保护性薄膜（见图 7-10）。涂膜时间判断方法为：将约 2mL 的 CD-TiO$_2$/P（HEMA-co-BA）滴在玻璃板上，之后间隔一定时间后用一支铅笔（重4.47g）从中间向四周拖动，当铅笔不会在表面留下痕迹时记为涂料的成膜时间。直到50min后，铅笔才不会在涂料表面留下痕迹。

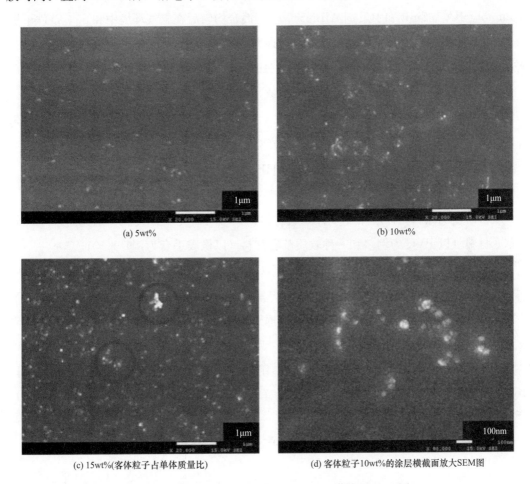

(a) 5wt%

(b) 10wt%

(c) 15wt%(客体粒子占单体质量比)

(d) 客体粒子10wt%的涂层横截面放大SEM图

图7-9　β-CD-TiO₂/P（HEMA-co-BA）横截面SEM图

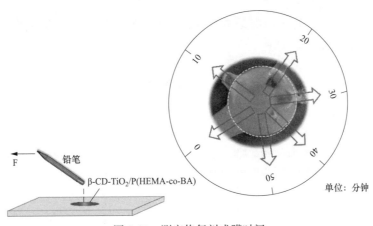

图7-10　测定修复剂成膜时间

4. 对比样本 TiO_2/P（HEMA-co-BA）的制备

将利用超声分散到 6.0mL 乙醇中，超声 45min，随后加入共聚单体 HEMA1.0mL，8.3mmol、BA 1.2mL 和引发剂 AIBN5.0mg，混合均匀后在氩气环境中和 55℃ 条件下聚合 12h，最终得到白色黏稠的聚合物溶液，即紫外线屏蔽涂料 TiO_2/P（HEMA-co-BA），该对比样品是直接将纳米 TiO_2 直接掺混到 HEMA 与 BA 共聚体中制备的涂层材料。

5. 对比样本 P（HEMA-co-BA）的制备

共聚单体 HEMA1.0mL，8.3mmol、BA 1.2mL 和引发剂 AIBN 5.0mg，混合均匀后在氩气环境中和 55℃ 条件下聚合 12h，最终得到白色黏稠的聚合物溶液，即紫外线屏蔽涂料 P（HEMA-co-BA），该对比样品是 HEMA 与 BA 共聚的涂层材料。

6. 用于作为涂覆基底材料的制备

项目研发的涂料可以应用于多种基底材料，在本项研究中，我们分别选用了一种硬质基底材料（以 PVC 为例）和一种软质基底材料（以橡胶手套为例）来验证。

PVC 基底材料制备过程如下：将 25g PVC 溶解于 100mL 四氢呋喃（THF）溶液中（搅拌过夜），然后将溶液倒入玻璃模具中，室温下干燥 24h 后转移至真空干燥箱中于 40℃ 条件下继续干燥 24h，以保证溶剂完全挥干。然后将得到的 PVC 膜（厚度约 1mm）裁为长度约 40mm、宽度约 6mm 的样品条作为硬质基底材料。

橡胶基底材料制备过程如下：将实验室用过的橡胶手套（扬子医疗器械有限公司）用剪刀裁为长度约 50mm、宽度约 10mm 的样品条作为软质基底材料。

7.4 合成产物的表征

7.4.1 合成产物的表征所采用的仪器

在整个合成步骤中，每个步骤是否合成目标的产物，可以采用相应的技术手段进行检测，所采用仪器见表 7-3。

表 7-3   主 要 设 备 仪 器

仪器设备以及型号	生产厂家
Avance Bruker-600 核磁共振波谱仪	Delaware. USA
VHX-1000C 超景深三维显微镜	KEYENCE/日本
ESCALAB 250Xi 型 X-射线光电子能谱（XPS）	Thermo Fisher，美国
Finnigan LCQ^{DECA} 质谱仪	Thermo Fisher，美国
Nicolet 560 傅里叶变换红外光谱仪	Nieolet，美国
Thermal Analyzer EXSTAR 6000 热重分析仪	Seiko InstrumentsInc.，日本

7.4.2 合成产物的表征

1. 表征方法

（1）一维傅里叶红外表征（FT-IR）。一维傅里叶红外表征（FT-IR）红外光谱图就是记录物质对红外光的吸收（或透过）程度与波长（或波数）的关系。通过红外辐射照射样品，样品吸收能量并转化成分子振动能，这样通过样品池的红外辐射在一定范围内发生吸收，产生吸收峰（又叫吸收谱带）而得到红外光谱。因此，红外光谱中吸收谱带都对应着分子和分子中各基团的振动形式，吸收谱带数目、位置及强度是判断一个分子结构最主要的依据。试验方法：测试前样品在40℃的真空干燥箱中干燥24h；制备的样品纯化好后，在40℃的真空干燥箱中干燥24h，将待测样品粉末与KBr混合压片，进行红外光谱表征，光谱分别率4cm^{-1}，光谱范围400～4000cm^{-1}，扫描次数32次，测试温度为室温，用OMNIC 8.3软件分析测试结果。

（2）二维傅里叶红外表征（2D-IR）。采用美国Nieolet公司的NICOLET710，傅里叶变换红外光谱仪（配备变温附件），DTGS检测器，光谱分别率4cm^{-1}，光谱范围400～4000cm^{-1}，扫描次数16次，控温范围：25～70℃，升温速度5℃/min。测试得到的二维红外数据利用二维红外分析软件进行分析。其中波长范围：1050～1200cm^{-1}的区域进行截取。

（3）X-射线光电子能谱（XPS）。X射线光电子能谱仪利用高能量的X射线激发样品表面原子中的内层电子跃迁到自由态，产生一个光电子。这些光电子通过一系列的透镜和能量分析器进入探测器进行检测。根据光电子的能量和数量，可以确定样品表面元素的种类、含量、化学状态以及电子结构等信息。通过X-射线光电子能谱（XPS）用于分析纳米粒子TiO$_2$表面电子结构，并对得到光电子能谱进行分峰处理，确定各元素所处的不同化学环境。操作步骤：在进行分析之前，需要对样品进行准备。先确保样品表面干净，无水分、油脂或其他污染物。然后，根据实际需求选择不同的样品形式，如片状、粉末状或纤维状等。将样品放置在真空舱室中进行处理；进行真空抽气，保证实验环境处于高真空状态，发射X射线激发样品表面，探测光电子信号，分析得到的数据。

（4）X-射线衍射法（XRD）。X射线衍射（X-Ray Diffraction，XRD）是研究物质的物相和晶体结构的主要方法，测定原理是：当一束单色X射线入射到晶体时，由于晶体是由原子规则排列成的晶胞组成，这些规则排列的原子间距离与入射X射线波长有相同数量级，故由不同原子散射的X射线相互干涉，在某些特殊方向上产生强X射线衍射，衍射线在空间分布的方位和强度，与晶体结构密切相关。操作步骤：样品制备方面对于块状的样品要求面积大于10mm×10mm，对于粉状的样品要求颗粒在320目（40μm）。

测试过程要求样品放置在样品台垂直面 5～12mm 内保证试样表面落在测角仪轴心上。通过测量软件设置样品需要的参数并进行扫描。

（5）热重分析（TGA）测试。通过热重分析对材料的热稳定性进行评价，同时还分析材料中无机纳米粒子的含量。本试验的热重分析（TGA）仪为 Thermal Analyzer EX-STAR 6000（Seiko Instruments Inc，日本），测试条件为：25～600℃，升温速率 10℃/min，氮气气氛。

2. β-CD-TiO$_2$ 的表征

通过 FT-IR、XPS 的表征结果来验证 β-CD 分子是否成功修饰到 TiO$_2$ 纳米粒子表面。β-CD-TiO$_2$ 的 FT-IR、XPS 分析结果见图 7-11，从图 7-11（a）可以看到，由于都存在 Ti-O-Ti 键，TiO$_2$ 和 β-CD-TiO$_2$ 均在 668cm^{-1} 处均有较强的吸收峰；而相对于 TiO$_2$，β-CD-TiO$_2$ 分别在 2922cm^{-1}、1166cm^{-1} 和 1064cm^{-1} 处出现了新的吸收峰，分别对应 C-H 伸缩振动、C-O 伸缩振动和 C-O-C 非对称振动吸收峰，由此可以初步判断成功在 TiO$_2$ 表面修饰上了 β-CD 分子。

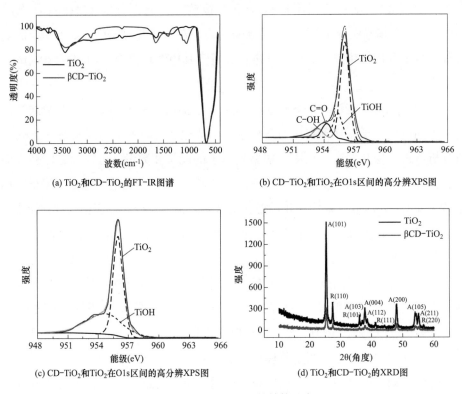

(a) TiO$_2$和CD-TiO$_2$的FT-IR图谱

(b) CD-TiO$_2$和TiO$_2$在O1s区间的高分辨XPS图

(c) CD-TiO$_2$和TiO$_2$在O1s区间的高分辨XPS图

(d) TiO$_2$和CD-TiO$_2$的XRD图

图 7-11　β-CD-TiO$_2$ 的结构鉴定

为了进一步验证，我们通过 X-射线光电子能谱（XPS）进一步表征纳米粒子表面的电子能级分布情况，图 7-11（b）和图 7-11（c）分别为 CD-TiO$_2$ 和 TiO$_2$ 在 O1s 区间的高分辨 XPS 图。由图 7-11(c) 可见，与 TiO_2 相比，β-CD-TiO_2 在 O1s 区域出现新的 C—OH 键和 C＝O 键，其中 C—OH 来自 β-CD 中的葡萄糖单元，而 C＝O 基可能是在紫外照射过程中，TiO_2 纳米粒子表面产生的空穴（具有氧化性）将 β-CD 中的羟基氧化而产生。综合 FT-IR 和 XPS 的表征结果，我们认为通过紫外照射法可以成功将 β-CD 连接到 TiO_2 纳米粒子表面。

图 7-11(d) 为 TiO_2 和 CD-TiO_2 的 XRD 分析结果，结果表明 TiO_2 表面的 β-CD 分子并不会对其晶型产生影响，这为材料最终能够体现出 TiO_2 纳米粒子的功能性（即屏蔽紫外线）提供了保障。

由于 β-CD 分子在 200～400℃ 温度区间内发生热解，而 TiO_2 无机纳米粒子在 200～400℃ 温度区间内不会发生热解，其质量应该保持恒定，因此我们可以利用热重分析（TGA）来估算 β-CD-TiO_2 中 β-CD 的含量，进而计算出每个 TiO_2 纳米粒子表面的 β-CD 分子数，TGA 分析结果见图 7-12。通过对 β-CD-TiO_2 进行 TGA 测试，在 200～400℃ 范围内样品失重为 1.25％wt，失重来自 β-CD 分子的热解，相对于 β-CD 在样品中的占比为

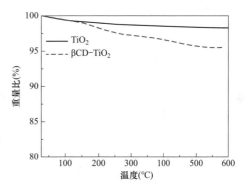

图 7-12　TiO_2 和 CD-TiO_2 的 TGA 结果
（氮气环境，10℃/min）

1.25％。每个 TiO_2 纳米粒子表面 β-CD 分子数可以通过式（7-1）计算得到：

$$n = \frac{\frac{4}{3} \times \pi \times r^3 \times \rho}{m - m_{CD}} \times \frac{m_{CD}}{M_{CD}} \times N_A \qquad (7\text{-}1)$$

式中　r——TiO_2 纳米粒子的半径，根据试剂公司提供的数据，$r = 10.50nm$；

ρ——TiO_2 纳米粒子的密度，根据试剂公司提供的数据，$\rho = 4.26g/cm^3$；

m——β-CD-TiO_2 的总质量；

m_{CD}——1.00g 中 β-CD 的质量，$m_{CD} = 1.25 \times 10^{-2}g$；

M_{CD}——β-CD 的摩尔分子质量，$M_{CD} = 1134.98g/mol$；

N_A——Avogadro 常数，$N_A = 6.02 \times 10^{23}$。

综合 TiO_2 和 β-CD-TiO_2 的 TGA 结果，我们计算出 β-CD-TiO_2 中的含量为 0.012mmol/g，每个 TiO_2 纳米粒子表面约有 138 个 β-CD 分子，即每个 TiO_2 纳米粒子表面"包覆"138 个 β-CD 分子。

在 TiO_2 纳米粒子表面引入 β-CD 分子不仅为向体系内引入可逆的主客体包合作用奠

定了基础，同时还有效改善了 TiO$_2$ 纳米粒子的分散性。图 7-13 为 TiO$_2$ 和 CD-TiO$_2$ 的 DLS 结果，对比 TiO$_2$ 和 β-CD-TiO$_2$ 的动态光散射（DLS）结果可以发现，TiO$_2$ 分散在乙醇中后平均粒径约为 663.1nm，明显表现为聚集体状态，而 β-CD-TiO$_2$ 的平均粒径仅为 153.7nm，说明修饰上 β-CD 后显著抑制了 TiO$_2$ 纳米粒子的聚集状态。

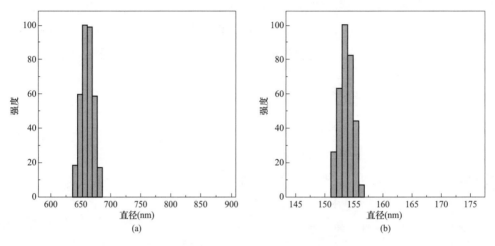

图 7-13　TiO$_2$ 和 CD-TiO$_2$ 的 DLS 结果（测试溶剂：乙醇）

3. 客体分子的合成表征

HEMA-Ad 的合成原理先用金刚烷甲酸和二氯亚砜反应，使金刚烷甲酸上的羧基活化成反应活性更高的酰氯基团，再加入用 HEMA 上的羟基和酰氯反应制得。HEMA-Ad 的合成效果采用核磁氢谱和核磁碳谱、质谱表征（样品溶液的配制：样品溶液的浓度一般为 5％～10％，体积约为 0.4mL），分析结果见图 7-14，其中图 7-14(a) 为 HEMA-Ad 的核磁氢谱分析结果，其中图 7-14(b) 为 HEMA-Ad 的核磁碳谱分析结果，图 7-14(c) 为 HEMA-Ad 的质谱分析结果。

以 CDCl$_3$ 为溶剂的 HEMA-Ad 的 ^{1}H NMR 表征结果，如下：δ 6.09（s，1H），5.55（s，1H），4.31（t，2H），4.26（t，2H），1.68-1.92（m，15H，H of AD）。根据检测结果分析，如下：6.09ppm 和 5.55ppm 分别代表 2-羟基乙基-甲基丙烯酸酯双键上的氢，且积分比例满足 1∶1；4.31ppm 和 4.26ppm 处对应酯键附近的亚甲基氢（c 和 d），积分比例同样满足 1∶1，说明有酯键生成；1.77ppm 对应金刚烷上的氢 e 位亚甲基氢，其与 HEMA 上 a 处的氢积分比例为 6∶1 刚好符合 HEMA-Ad 对应氢的个数比，说明产物成功制备。

为了进一步确定产物分子结构，以 CDCl$_3$ 为溶剂的 HEMA-Ad 的 ^{13}C NMR 表征结果如图 7-14 所示，其中 177.40ppm 和 167.30ppm 处分别对应两个羰基碳，136.01ppm 和

125.90ppm 对应双键上的两个碳。62.40ppm 和 61.71ppm 处信号对应-OCH$_2$CH$_2$O-上的两个碳原子。从 38.59ppm 处到 27.88ppm 的四组信号峰对应了金刚烷上的 4 类碳原子。最后 18.17mmp 处的信号对应 c 处的甲基。

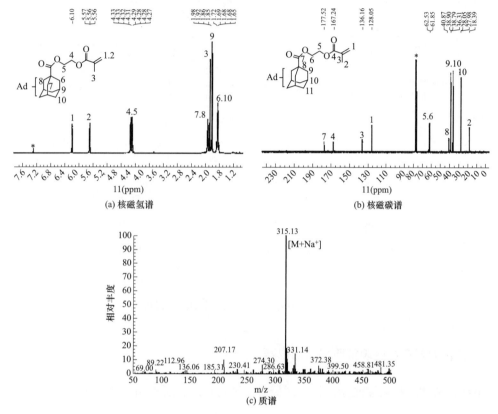

图 7-14　HEMA-Ad 化学结构鉴定

同时为了测试产物分子量，以甲醇作为溶剂，客体分子的 MS 表征结果如图 7-14(c) 所示。其中 M/e＝315.26 处满足分子离子峰的各项条件，故考虑其为分子离子峰，[M＋Na]$^+$＝315.26（理论值为 315.17）。

综合以上分析，说明客体分子 HEMA-Ad 合成成功。

4. 包合物的合成表征

进一步对主客体包合物进行热重分析，在 200～400℃ 区间内，HEMA-Ad/β-CD-TiO$_2$ 失重比为 1.61%，比 β-CD-TiO$_2$ 高 0.36wt%，增加的这一部分失重为 HEMA-Ad 热解，说明 HEMA-Ad 可以通过与 β-CD 的包合作用而吸附到纳米粒子表面（如图 7-15 所示）。

HEMA-Ad/β-CD-TiO$_2$ 与 HEMA、BA 的聚合是在乙醇中进行的。之所以选择乙醇作为聚合溶剂主要是因为乙醇为环境友好型溶剂，在之后涂料的使用过程中不会对环境造成污染。分别对单体（HEMA＋BA）和聚合物［β-CD-TiO$_2$/P（HEMA-co-BA）］进行红外光谱分析，分析结果见图 7-16，对比单体（聚合前）和聚合物（聚合后）的 FT-IR 图谱可以发现，聚合后关于 C＝C 的吸收峰（$_{\text{C=C}}$ 1636cm^{-1}、$_{=\text{C—H}}$ 985/948cm^{-1} 和 903/886cm^{-1}）都消失了，说明聚合过程顺利进行。

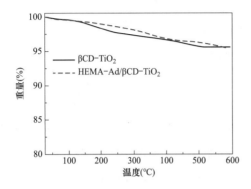

图 7-15　β-CD-TiO$_2$ 和 HEMA-Ad/β-CD-TiO$_2$ 的 TGA 结果（氮气环境，10℃/min）

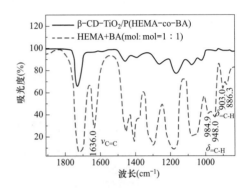

图 7-16　单体（HEMA＋BA）和聚合物［β-CD-TiO$_2$/P（HEMA-co-BA）］的 FT-IR 图

7.5　合成产物的性能测试

7.5.1　合成产物的表征所采用的仪器

最终合成的材料的性能参照相关国标方法进行检测，所采用仪器见表 7-4。

表 7-4　　　　　　　　　主 要 设 备 仪 器

仪器设备以及型号	生产厂家
VHX-1000C 超景深三维显微镜	KEYENCE，日本
JSM-7500F 扫描电镜	JEOL，日本
VHX-1000C 超深景三维显微镜	Keyence，日本
Varioskan Flash 紫外/可见光（UV/Vis）光谱仪	Thermo Fisher，美国
接触角测定仪	KRUSS，德国
BL-GHX-V 光化学反应仪	北京比朗实验设备有限公司
荧光光谱仪	Varioskan Flash，USA
ZC36 型高阻微电流计	上海苏海电气有限公司
ZJC-50kV 介电强度测定仪	北京中航时代仪器设备有限公司

7.5.2　合成产物的性能检测

检测方法如下：

（1）材料的形貌结构表征。材料的表面结构形貌可通过扫描电镜（SEM）来表征，其中自愈合材料的横截面 SEM 图利用 JSM-7500F 测得（JEOL，日本），而所制备的材料自愈合前后表面形貌图则利用 PhenomTM 测得（Phenom-World BV，中国）。数字 3D 图片利用激光扫描显微镜（Zeiss，LSM 800，德国）或超深景三维显微镜（VHX-1000C，Keyence，日本）获得。

（2）紫外/可见光光谱表征。紫外光谱是当光照射样品分子或原子时，外层电子吸收一定波长的紫外光，由基态跃迁至激发态而产生的光谱。不同结构的分子，其电子跃迁方式不同，吸收紫外光波长也不同，吸收率也不同。因此，可以根据样品的吸收波长范围，吸收强度来鉴别不同物质结构的差异。

紫外/可见光（UV/Vis）光谱通过 Varioskan Flash（Thermo Fisher，美国）测得。测试条件为，将试样表面均匀的涂覆自修复的紫外屏蔽图层，对照样不做任何处理，分别进行紫光/可见光吸收测试，测试波长范围为 200～600nm，记录紫外/可见光谱吸收值。

（3）水接触角测试。水接触角结果通过接触角测定仪（型号：KRUSS，德国）测得，用来评价材料的亲疏水性质。测试条件为：采用去离子水，将水滴滴于薄膜表面后立即进行测试，每个样品取间距 5mm 的 3 个点进行测量，共 6 次读数，取算术平均值。

（4）紫外线加速老化试验。紫外线加速老化实验在光化学反应仪中进行，对材料的紫外老化性能进行评价。采用的仪器为 BL-GHX-V 光化学反应仪，光源为 500W 高压汞灯，测试条件：试验时，将搅拌器移出，将样品放入光化学反应仪中进行照射，辐照时间为 24h。

（5）荧光光谱表征。Rh B 浓度采用荧光法测定，本试验采用多功能读数仪（Varioskan Flash，Thermo Fisher，美国）检测，测试条件：激发波长 $\lambda_{ex}=554$nm，检测波长 $\lambda_{em}=573$nm，配制 Rh B 溶液（初始浓度 $C_0=0.12$mg/L），然后进行紫外照射，照射完成后用荧光光度法分别测量两组（涂有紫外屏蔽涂层实验组和未涂覆紫外屏蔽涂层对照组）中 Rh B 的浓度（记为 C1），通过照射前后 Rh B 荧光强度的变化表征 Rh B 的降解率。

（6）体积电阻率表征。采用直流放大法即高阻计法进行体积电阻率测量。本实验选用 ZC36 型高阻微电流计。该仪器测量方位为 10^6～$10^{17}\Omega$，误差≤10％。所测试的试样表面应平整、均匀、无裂痕和机械杂质等缺陷。

（7）介电强度表征。介电强度测试环境温度（20±2）℃，采用对称电极，直径为 25mm，电极边缘圆弧直径 2.5nm，试样厚度（1±0.1）mm，试验用绝缘油的介电强度 2.3kV/mm。试验起始电压为零，升压速度为 2kV/s。

7.5.3 性能检测结果

1. 拉伸性能

分别采用万能试验机测定三种聚合物〔P（HEMA-co-BA）、TiO_2/P（HEMA-co-BA）、β-CD-TiO_2/P（HEMA-co-BA）〕的拉伸强度和断裂伸长率，拉伸速率采用 100mm/min，测定结果见表 7-5。

表 7-5 　　　　　　　　　　三种聚合物的拉伸强度和断裂伸长率

序号	聚合物名称	拉伸强度/MPa	断裂伸长率/%
1	P（HEMA-co-BA）	2.03	570
2	TiO_2/P（HEMA-co-BA）	2.69	510
3	β-CD-TiO_2/P（HEMA-co-BA）	4.50	380

由表 7-5 可见，不添加 TiO_2 纳米粒子的聚合物 P（HEMA-co-BA）的最大拉伸强度为 2.03MPa，引入 TiO_2 纳米粒子后的聚合物 TiO_2/P（HEMA-co-BA）拉伸强度提高至 2.69MPa，而引入了包合物后的聚合物 β-CD-TiO_2/P（HEMA-co-BA）拉伸强度提高至 4.50MPa，由此可见，向聚合物网络中加入无机纳米粒子后能够增强材料的机械性能，引入带 TiO_2 纳米粒子的包合物，拉伸强度提高 2 倍，显著增强了材料的机械性能。这主要还是因为主客体包合作用的引入：HEMA-Ad 和 β-CD-TiO_2 组装完成后得到的 HEMA-Ad/β-CD-TiO_2 表面带有多个可聚合双键，在聚合过程中实际上起到"交联剂"的作用，从而显著增强材料的机械性能。分别测定三种聚合物的拉伸强度和断裂伸长率，得到的应力-应变曲线见图 7-17，由图 7-17 可见，引入 TiO_2 以及包合物后，虽然拉伸强度上升，断裂伸长率有所下降，断裂伸长率达到 370% > 200%，满足电力行业标准的要求。

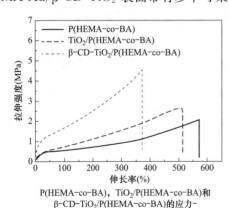

P(HEMA-co-BA)，TiO_2/P(HEMA-co-BA)和 β-CD-TiO_2/P(HEMA-co-BA)的应力-应变曲线(拉伸速率：100mm/min)

图 7-17　修复剂的机械性能的测定

2. β-CD-TiO_2/P（HEMA-co-BA）的耐磨性

涂料的耐磨性能一方面可以说明涂料自身的机械稳定性，另一方面可以反映涂料与基底结合的牢固性。限于实验室条件，如图 7-18 所示，我们通过自己设计的砂纸摩擦实验来初步说明涂料的耐磨性，具体如下：利用 SEM（Phenom-World BV）的载物台平面（圆形，直径：1.26cm）模拟基底材料（称量载物台的初始质量，记为 m_0），在其表面涂覆一层 β-CD-TiO_2/P（HEMA-co-BA）涂料，干燥（先 30℃条件下干燥 6h，继而 60℃条件下干燥 8h）后称量整体质量，记为 m_1；之后涂料面与砂纸（SHARPNESS®，NO：600）接触，在负重 1kg 的情况下 15s 前进 20cm，再次称量整体重量，记为 m_2，通过式（7-2）可以计算涂料的质量损失率（Loss Rate），质量损失率越低说明耐磨性越好。

$$LossRate(\%) = \frac{m_1 - m_2}{m_1 - m_0} \times 100 \tag{7-2}$$

式中 m_0——基底材料的质量，g；

       m_1——基底材料和修复层的总质量，g；

       m_2——被摩擦后基底材料和修复层的总质量，g。

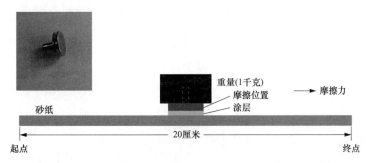

图 7-18   涂料耐磨性测试装置横截面示意图（图左上为选用的载物台图片）

作为对比，采用同样的方法也测试了 β-CD-TiO$_2$/P（HEMA-co-BA）、P（HEMA-co-BA）、TiO$_2$/P（HEMA-co-BA）和一种商业化紫外线屏蔽涂料（立邦，梦幻千色）的耐磨性，并计算它们的质量损失率，测定结果见图 7-19。从图 7-19 中可以看出，在 P（HEMA-co-BA）、TiO$_2$/P（HEMA-co-BA）、β-CD-TiO$_2$/P（HEMA-co-BA）、商业化涂料中，β-CD-TiO$_2$/P（HEMA-co-BA）的耐磨性最好，其次为 P（HEMA-co-BA）、TiO$_2$/P（HEMA-co-BA），最差为立邦涂料，（β-CD-TiO$_2$/P（HEMA-co-BA）的质量损失率为 0.07%，而商业化涂料为 0.12%。对比 P（HEMA-co-BA）、TiO$_2$/P（HEMA-co-BA）和 β-CD-TiO$_2$/P（HEMA-co-BA）三者的质量损失率来看，TiO$_2$/P（HEMA-co-BA）的耐磨性比 P（HEMA-co-BA）差的主要原因是无机纳米粒子的异质性，未经修饰的无机 TiO$_2$ 纳米粒子与聚合物网络相容性较差。而对于 β-CD-TiO$_2$/P（HEMA-co-BA），TiO$_2$ 纳米粒子表面

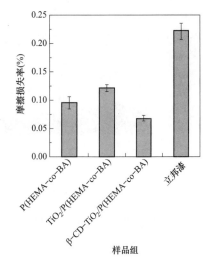

图 7-19   合成的三种修复剂与立邦涂料之间耐磨性的对比

修饰了一层有机分子（β-CD＋HEMA-Ad），提高了 TiO_2 纳米粒子与聚合物网络的相容性，并且，HEMA-Ad/β-CD-TiO_2 在聚合过程中起到交联剂的作用，不仅提高了纳米粒子在聚合物网络中的稳定性，同时显著增强了涂料整体的机械性能，因此，表现出了最优异的耐磨性。

3. 吸湿率与疏水性

为了测试涂料本身的吸湿性能，我们将制备的 β-CD-TiO_2/P（HEMA-co-BA）用聚四氟乙烯模具成型，乙醇挥干后得到 β-CD-TiO_2/P（HEMA-co-BA）自支撑膜（厚度约 350mm），裁为长约为 5mm 的正方形。测量前将样品在真空干燥箱中（60℃）干燥 48h，测量样品质量，记为 m_0；之后将样品放置到不同湿度环境中（参照已经报道的文献用干燥器营造不同湿度环境）静置 48h 后再次测量其质量，记为 m_1，根据式（7-3）即可计算涂料的吸湿率（Moisture Sorption Ratio）：

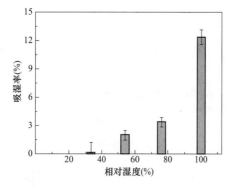

图 7-20　β-CD-TiO_2/P（HEMA-co-BA）在不同湿度环境下的吸湿率

$$\text{Moisture sorption ratio}(\%) = \frac{m_1 - m_0}{m_1} \qquad (7\text{-}3)$$

β-CD-TiO_2/P（HEMA-co-BA）在不同相对湿度下的吸湿率测定结果见图 7-20。

为了测试涂料表面的亲/疏水性，我们将制备的 β-CD-TiO_2/P（HEMA-co-BA）涂料涂覆在载玻片表面，在室温下干燥 24h 后转移至真空干燥箱中 60℃条件下继续干燥 48h。干燥完成后，将覆有涂料的载玻片分别放置在不同的湿度环境，静置 48h 后，依次取出并立即测量涂料表面的水接触角。一般来说，水接触角＞90°即认为其表面为疏水性质，在不同相对湿度的接触角测定结果见图 7-21。

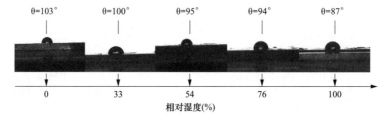

图 7-21　β-CD-TiO_2/P（HEMA-co-BA）在不同湿度环境中放置 48h 后水接触角测定结果

实验结果表明，正如预期的那样，BA 的引入增强了涂料的疏水性。即使将 β-CD-TiO_2/P（HEMA-co-BA）涂层放置在湿度为 75％RH 的环境下 48h 后仍能保持疏水表面（水接触角＞100°）。在正常使用情况下，基本不会吸收空气中的水分。例如，即便 β-CD-TiO_2/P（HEMA-co-BA）在湿度为 54％RH 环境下，其吸（Moisture Sorption Ratio）

也只有 2.0%，表现良好的疏水性。

β-CD-TiO$_2$/P（HEMA-co-BA）不仅适用于硬质基底材料，还可以用于软质基底材料。以橡胶材料基材为例，虽然橡胶手套拥有疏水表面，但由于 BA 的引入，增强了涂料的疏水性，其接触角为 119°，见图 7-22。

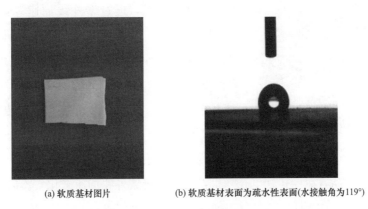

(a) 软质基材图片　　　　(b) 软质基材表面为疏水性表面(水接触角为119°)

图 7-22　软质基材模型

4. 紫外线屏蔽性能

通过固体 UV-Vis 光谱来测定 β-CD-TiO$_2$/P（HEMA-co-BA）的紫外线吸收能力，测定结果见图 7-23，β-CD-TiO$_2$/P（HEMA-co-BA）在 λ＝200～350nm 区间表现很强的吸收能力，吸收率＞90%，而 P（HEMA-co-BA）只有 10%，表明涂料优异的紫外线吸收能力来源于引入的 TiO$_2$ 纳米粒子：一方面，TiO$_2$ 可以吸收能量高于其带隙的紫外线（金红石型 TiO$_2$ 带隙为 3.0eV，锐钛矿型为 3.2eV）；另一方面，TiO$_2$ 纳米粒子表面折射率较高，处于其吸收范围之外的紫外线可以通过散射而被"消耗"。

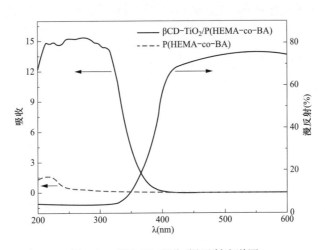

图 7-23　UV-Vis 吸收/漫反射光谱图

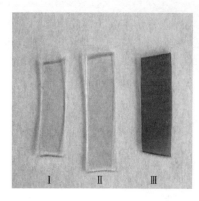

图 7-24 进行紫外线加速老化实验后的样条

虽然固体 UV-Vis 光谱结果从理论上说明 β-CD-TiO₂/P（HEMA-co-BA）具有很强的紫外线屏蔽能力，但为了进一步说明 β-CD-TiO₂/P（HEMA-co-BA）的实用性，我们通过选用聚氯乙烯（PVC）作为基底材料模型，通过紫外线加速老化实验进行验证。PVC 在紫外线照射下会诱导产生氯原子自由基，进而引发一系列的自由基降解反应，是理想的基底材料模型。若 PVC 样品条不经保护而直接进行紫外线加速老化实验，很快将由无色透明状转变为深棕色，见图 7-24。

Ⅰ：PVC 初始样品；Ⅱ：进行紫外线加速老化实验后 β-CD-TiO₂/P（HEMA-co-BA）保护 PVC 样品（厚度：100μm）Ⅲ：直接进行紫外线加速老化实验后的 PVC 样品

三个样品的 FT-IR 图谱和 UV-Vis 吸收光谱图见图 7-25。由图 7-25（a）可见样Ⅲ的 FT-IR 图谱显示其在 1659cm⁻¹ 附近有比较强的吸收，表明在 PVC 中有大量羰基形成。由图 7-25(b) 可见，样Ⅲ UV-Vis 谱显示在 220~300nm 范围内有很强吸收，表明 PVC 中有共轭结构生成，以上结果均说明样品Ⅲ经历了比较严重的降解反应。与之形成鲜明对比的是，受 β-CD-TiO₂/P（HEMA-co-BA）保护的样品Ⅱ在经过紫外线加速老化实验后仍能保持初始的无色透明状。并且，不仅是外观形态，甚至 FT-IR 和 UV-Vis 图谱均与未经过紫外线加速老化的样品Ⅰ基本一致，说明 β-CD-TiO₂/P（HEMA-co-BA）可以有效屏蔽紫外线，避免了紫外线诱发的一系列的光降解反应，最终达到有效保护基底材料的目的。不仅如此，由于修复剂是醇溶性的，在其自身达到服务期限时，可以直接用乙醇擦除（见图 7-26），不会对基底材料表面造成破坏，然后重新涂覆修复剂以继续保护基底材料。

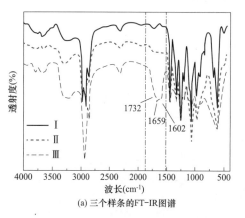

(a) 三个样条的 FT-IR 图谱

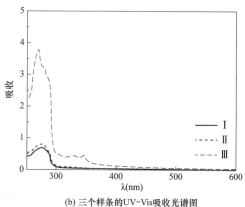

(b) 三个样条的 UV-Vis 吸收光谱图

图 7-25 三个样品的 FT-IR 图谱和 UV-Vis 吸收光谱图

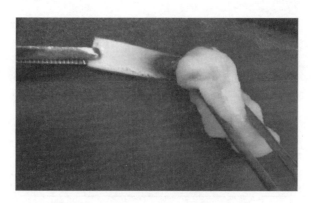

图 7-26　用蘸有乙醇的脱脂棉可以直接将涂料从 PVC 表面擦除

5. 修复剂的附着性

修复剂能牢固结合在基底材料的表面，对将涂覆有 β-CD-TiO$_2$/P（HEMA-co-BA）的橡胶片进行扭曲、弯曲等操作并不会发生涂料剥离的现象。并且，在同一位置多次弯曲后，通过电子扫描电镜观测，未发现在弯曲面有微观裂痕（见图 7-27）。以上结果说明β-CD-TiO$_2$/P（HEMA-co-BA）可以很好地应用于疏水软质基底材料。

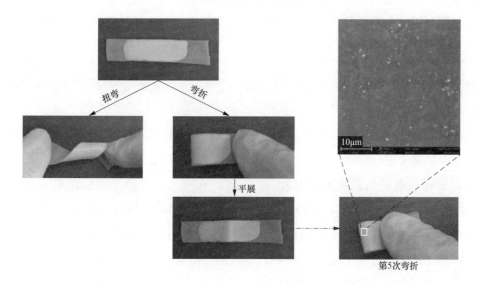

图 7-27　将涂覆有 β-CD-TiO$_2$/P（HEMA-co-BA）的橡胶片进行扭曲、弯曲等操作

根据标准 GB/T 5210—2006 的试验方法，采用拉开法测定修复剂的附着力，试验结果见表 7-6。

表 7-6　　　　　　　　　　　　　修 复 剂 的 附 着 力

编号	1	2	3	4	5	6
F/MPa	8.6	9.0	8.4	8.0	8.2	8.6

修复剂的附着力测定结果为 8.4MPa＞5.0MPa，满足标准 DL 267—2018 的要求。

6. 修复剂的体积电阻率

修复剂涂覆基材上完全干燥后，对干燥后的修复剂的体积电阻率进行测定，测定结果见表 7-7。

表 7-7　　　　　　　　　　　　　修复剂各试样体积电阻率

编号	1	2	3	4	5	6
$\rho/\Omega \cdot m$	3.63×10^{12}	3.52×10^{12}	3.72×10^{12}	3.64×10^{12}	3.76×10^{12}	3.50×10^{12}

修复剂的体积率平均值为 $3.63 \times 10^{12}\Omega \cdot m ＞ 1 \times 10^{12}\Omega \cdot m$，满足电力行业标准的要求。

7. 修复剂的介电强度

修复剂涂覆基材上完全干燥后，对干燥后的修复剂进行介电强度测定，试样采用圆形样，直径为 50mm±1mm，厚度为 1mm±0.2mm，测定结果见表 7-8。

表 7-8　　　　　　　　　　　　　修复剂各试样介电强度

编号	1	2	3	4	5	6
$E_B/MV/m$	19.8	18.5	20.2	18.2	20.6	19.7

修复剂的介电强度平均值为 19.5MV/m＞18MV/m，满足电力行业标准的要求。

8. 修复剂自修复性能

（1）修复剂的表观形貌自修复。为了直观地表征修复剂的自修复性能，可以通过激光共聚焦显微镜来进行观察。如图 7-28(a) 所示，通过激光共聚焦显微镜测得用手术刀在涂料表面制造划痕的横截面积约为 $7282\mu m^2$，在空气中静置 18h 后，划痕基本消失（横截面积为 $0\mu m^2$），表面微观形貌的自修复效率达到 100%，证明 β-CD-TiO$_2$/P（HEMA-co-BA）的确具备自愈合能力。同时我们用 SEM 也观察到了类似的结果［如图 7-28(b)所示］，样品损伤后，在空气中静置 18h 后，划痕基本消失。以上是在修复层有裂痕时的自修复情况，为了进一步检验 β-CD-TiO$_2$/P（HEMA-co-BA）的在受摩擦产生凹凸不平的表面时的自修复能力，我们用砂纸在涂料表面摩擦，制造比较严重的创伤［如图 7-28(c)所示，涂料表面凹凸不平］，当我们在创面在 24h 后，β-CD-TiO$_2$/P（HEMA-co-BA）成功地完成了自愈合（涂料表面恢复平整）。

图 7-28 中，分图（a）为激光共聚焦显微镜图。上图为轮廓图，下图为横截面图；分图（b）为 SEM 图；分图（c）为砂纸摩擦涂料表面制造的创伤自愈合前后 3D 数码图片（超景深 3D 数码显微镜），下方是分别是图片中红线经过区域的表面轮廓线图。

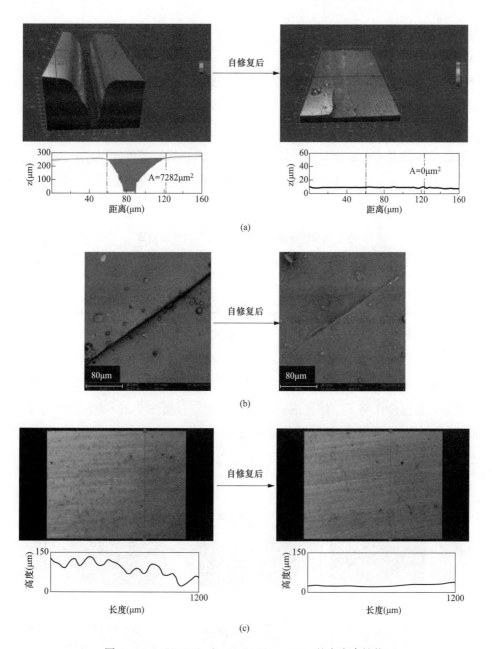

图 7-28 β-CD-TiO$_2$/P（HEMA-co-BA）的自愈合性能

β-CD-TiO$_2$/P（HEMA-co-BA）优良的自愈合性能应该来源于两方面：一是分子链运动，二是主客体包合作用。若在 β-CD-TiO$_2$/P（HEMA-co-BA）断面滴加竞争性主体溶液 β-CD 饱和水溶液或者 HEMA-Ad 饱和水溶液时，此时，从激光共聚焦显微镜图可以观察到断面不再愈合，原因在于断面处的主体分子或者客体分子首先与竞争性溶液发生包合作用，而失去与另一断面的主体分子或者客体分子发生包合作用，阻止断面间主

163

客体包合作用的再次形成，因此不能够重新愈合，进一步证明主客体包合作用是修复层自修复的决定因素。

（2）修复剂的拉伸性能自修复。为了便于描述和比较材料的自愈合性能，我们通过拉伸实验量化材料的自愈合性能。制备的 β-CD-TiO$_2$/P（HEMA-co-BA）修复剂干固膜裁为长度约 40mm、宽度约 3mm 的样品条从中间用手术刀切断，使断面其接触到一起，室温下放置 24h 使其完成自修复，然后采用万能试验机进行拉伸测试，分别测定拉伸强度和断裂伸长率。通过计算自修复前后拉伸强度和断裂伸长率的比值得到材料的自修复效率，结果见表 7-9。

表 7-9　　　　　　　　　　　修复剂拉伸强度和断裂伸长率的自修复效率

样品	拉伸强度/MPa	自修复效率/%	断裂伸长率/%	自修复效率/%
原始样	4.5		340	
自修复样	4.1	91	320	94

由表 7-9 可见，拉伸强度恢复 91%，断裂伸长率恢复 94%。

综上所述，当涂料受到机械损伤时，会造成部分 β-CD/Ad 间包合作用的解离，断面上会产生很多游离的主体和客体分子；当两断面相互接触断面上游离的主、客体分子重新发生包合，在包合作用下，修复剂最终完成自修复（见图 7-29）。主客体包合是可逆的，也就是说同一位置重复切断后，能够重复多次修复，图 7-29 为修复剂在同一位置多次损伤，并能够重复多次修复的过程，实验结果表明，β-CD-TiO$_2$/P（HEMA-co-BA）在同一位置至少可以自愈合三次。

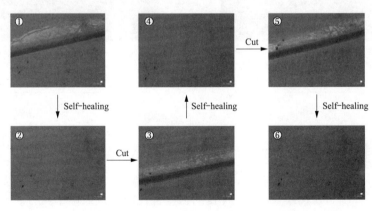

图 7-29　β-CD-TiO$_2$/P（HEMA-co-BA）的循环自愈合实验（图中标尺：20m）

（3）抗紫外光性能的自修复。为了验证涂料的紫外线屏蔽能力可以随涂层自愈合而恢复，我们利用 Rh B 可以被紫外线降解的特点进行了 Rh B 降解实验（见图 7-30）。

将石英试管分成 2 组，第一组（UV-1）在石英试管表面涂覆 β-CD-TiO$_2$/P（HE-

MA-co-BA）涂料，而第一组（UV-2）石英试管表面涂覆立邦涂料，等待干燥后用手术刀在涂料表面制造多条划痕，之后将其分为两组进行下面的实验。第一组（UV-1）经过18h 后使其完成自修复；第二组（UV-2）则不做任何处理。接着，向两组中的石英试管中均加入 6mL Rh B 溶液（$C_0 = 0.12$mg/L）后进行紫外照射 24h（高压汞灯，500W）。照射完成后用荧光光度法分别测量两组中 Rh B 的浓度（记为 C_1），根据式（7-4）计算Rh B 的降解率（Degradation Rate）：

$$Degradation\ Rate(\%) = \frac{C_0 - C_1}{C_0} \times 100 \tag{7-4}$$

式中　C_0——Rh B 溶液的原始浓度，mg/L；

　　　C_1——Rh B 溶液紫外照射后的浓度，mg/L。

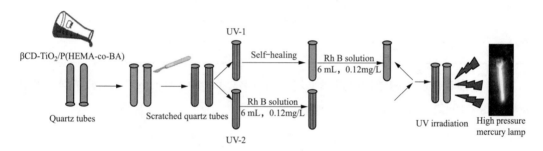

图 7-30　Rh B 紫外线降解实验过程示意图

第一组：UV-1（愈合组）；第二组：UV-2（对照组）。

罗丹明 B（Rh B）在紫外线的照射下会发生降解，并且其浓度的变化可以通过荧光光度法来测量测定结果见图 7-31，其中图 7-31(a) 为荧光与 Rh B 之间的关系，图 7-31(b)为 UV-1 组与 UV-2 组在紫外线照射 24h 后的浓度变化。由图 7-31(b) 可见，UV-2 中Rh B 的浓度由 0.12mg/L 下降到 0.09mg/L，根据式（7-4）可以计算出降解率为25%，说明若不采取措施的话，紫外光通过裂纹照射罗丹明 B 溶液使其发生光降解，制造的机械损伤会削弱涂料的紫外线屏蔽能力。与之形成鲜明对比的是，UV-1 中 RhB 的浓度并没有降低，说明涂料完全屏蔽了紫外线，也就说明涂料在完成自愈合的过程中，受损的紫外线屏蔽能力也得到了恢复。根据上述实验结果，我们证明了 β-CD-TiO$_2$/P（HEMA-co-BA）在完成机械损自修复的同时，其功能性（即紫外线屏蔽性能）也随之完全恢复。

（4）修复剂的体积电阻率自修复效率。将同样尺寸的样品用小刀人为切断，然后将两个断面互相接触，等待 18h 后两个断面自修复后，测定修复后样品的体积电阻率，结果见表 7-10。

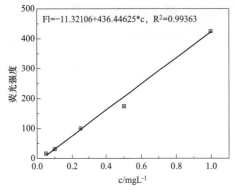

(a) Rh B标准曲线(λ_{ex}=554 nm, λ_{em}=573 nm, FI=Fluorescence Intensity)

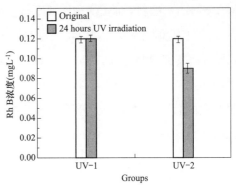

(b) UV-1和UV-2经紫外线照射后Rh B浓度的变化

图 7-31　Rh B 紫外线降解实验结果

表 7-10　　　　　　　　　　　　**试样受损自修复后的体积电阻率**

编号	1	2	3	4	5	6
$\rho/\Omega \cdot m$	3.40×10^{12}	3.30×10^{12}	3.28×10^{12}	3.53×10^{12}	3.49×10^{12}	3.50×10^{12}

试样受损自修复后的体积电阻率平均值为 $\rho = 3.42 \times 10^{12} \Omega \cdot m$，原始样的体积电阻率为 $3.63 \times 10^{12} \Omega \cdot m$，体积电阻的自修复效率。

$$\eta = \frac{\rho}{\rho_0} \times 100 = \frac{3.42 \times 10^{12}}{3.63 \times 10^{12}} \times 100 = 94.2(\%) \tag{7-5}$$

（5）修复剂的介电强度自修复效率。将同样尺寸的样品用小刀人为切断，然后将两个断面互相接触，等待 18h 后两个断面自修复后，测定修复后样品的体积电阻率，结果见表 7-11。

表 7-11　　　　　　　　　　　　**试样受损自修复后的体积电阻率**

编号	1	2	3	4	5	6
$E_B/MV/m$	19.0	18.20	18.6	18.9	19.2	19.4

试样受损自修复后的介电强度为 18.88MV/m，原始样的体积电阻率为 19.5MV/m，介电强度的自修复效率。

$$\eta = \frac{E}{E_0} \times 100 = \frac{18.88}{19.5} \times 100 = 96.8(\%) \tag{7-6}$$

9. 抗老化性能

采用人工气候老化方法评价具有自修复性能的电缆护套修复剂的抗老化性能，将其放置在疝灯、水蒸气模拟的人工气候条件下进行老化，检定老化后的性能变化，光老化光源波长 $\lambda = 290 \sim 400$nm，老化时间 3000h，样品尺寸色板尺寸为 70mm×50mm×3mm（长×宽×厚）。测定结果见表 8-12。

表 7-12   **人工气候老化试验结果**

序号	样品	表观变化
1	电缆护套修复剂（原始样）	不起泡、不脱落、不开裂
2	电缆护套修复剂（损伤自修复后）	不起泡、不脱落、不开裂

由表 7-13 可见，经过 3000h 人工气候老化后，电缆护套修复剂未发现起泡、脱落、开裂的老化现象，老化性能合格。通过对电缆护套修复剂喷洒形成的修复层进行人工破坏，自修复后对样品进行人工气候老化，试验后未发现起泡、脱落、开裂的老化现象，抗老化性能合格。

7.5.4　产品第三方检测

本项目研发的电缆护套自修复修复剂关键技术指标委托权威机构进行检测，检测结果见表 7-13。

表 7-13   **电缆护套修复剂技术指标第三方检测结果**

序号	样品名称	项目名称	测定结果	试验标准
1	电缆护套自修复修复剂（原始样）	20℃体积电阻率	$3.6×10^{12}\Omega\cdot m$	GB/T 1410—2006
	电缆护套自修复修复剂（自修复后）	20℃体积电阻率	$3.4×10^{12}\Omega\cdot m$	GB/T 1410—2006
2	电缆护套自修复修复剂（原始样）	介电强度	19.8MV/m	GB/T 1408.1—2006
	电缆护套自修复修复剂（自修复后）	介电强度	19.2MV/m	GB/T 1408.1—2006
3	电缆护套自修复修复剂（原始样）	机械扯断强度	4.1MPa	GB/T 528—2009
	电缆护套自修复修复剂（自修复后）	机械扯断强度	3.5MPa	GB/T 528—2009
4	电缆护套自修复修复剂（原始样）	扯断伸长率	340%	GB/T 528—2009
	电缆护套自修复修复剂（自修复后）	扯断伸长率	320%	GB/T 528—2009
5	电缆护套自修复修复剂（原始样）	抗撕裂强度	8.3kN/m	GB/T 529—2008
	电缆护套自修复修复剂（自修复后）	抗撕裂强度	8.0kN/m	GB/T 529—2008
6	电缆护套自修复修复剂（原始样）	附着力（拉开法）	8.6MPa	GB/T 5210—2006
	电缆护套自修复修复剂（自修复后）	附着力（拉开法）	8.2MPa	GB/T 5210—2006
7	电缆护套自修复修复剂（原始样）	耐人工气候老化性（3000h）	不起泡、不脱落、不开裂	GB/T 1865—2009
8	电缆护套自修复修复剂（原始样）	接触角	134^0	GB/T 30693—2014

表 7-13 中原始样为电缆护套修复剂的固化物，损伤自修复样为剪断后断面接触在一起经过 24h 自修复后的样品。国家标准对修复剂性能要求见表 7-14，通过对照表 7-13 和表 7-14 可见，项目研发的电缆护套修复剂各项机械、电气、抗老化性能（包括光老化）满足国家标准要求，接触角＞90°，属于疏水性材料，产品具有自修复，自修复效率达到 85% 以上，自修复后各项性能满足国家标准要求。

表 7-14 电缆护套修复剂性能检测参照标准

序号	项目名称	性能要求	试验依据标准
1	20℃体积电阻率	$\geqslant 1\times 10^{12}$	GB/T 1410—2006
2	介电强度	$\geqslant 18\text{kV/m}$	GB/T 1408.1—2006
3	机械扯断强度	$\geqslant 3.0\text{MPa}$	GB/T 528—2009
4	断裂伸长率	$\geqslant 200$	GB/T 528—2009
5	抗撕裂强度	$\geqslant 7.0\text{kN/m}$	GB/T 529—2008
6	附着力（拉开法）	$\geqslant 5.0\text{MPa}$	GB/T 5210—2006
7	耐人工气候老化性（3000h）	不起泡、不脱落、不开裂	GB/T 1865—2009

7.5.5 产品的应用

项目研发的电缆护套修复剂应用裂纹断面距离超过 $200\mu m$ 的损伤修复，通过修复，损伤电缆绝缘护套恢复绝缘性能，可继续投入运行。产品通过涂覆方式修复裂纹，固化后牢固粘结在基材上，施工方法如下。

1. 施工器具和材料

施工所采用的器具和材料见表 7-15。

表 7-15 施工仪器和材料

名称	数量	用途
电缆护套修复剂	20kg	修复电缆护套破损
清洗剂	500ml	清洗表面污秽
高压雾化喷涂机	压力大于 0.8MPa	喷涂
擦洗布	若干	擦洗绝缘子表面污秽
喷涂防护口罩	若干	防护作用
稀释剂	10升	涂料稀释

2. 施工条件

（1）由于起雾、降水、凝露等因素引起的电缆护套表面受潮，不能实施涂覆工作。

（2）现场严重扬尘不能实施涂覆工作。

3. 施工前的预处理

（1）施工前电缆护套表面应清扫干净且处于干燥状态，一般情况下，可采用清洁布或清洁布蘸水清除护套表面污染物，且应护套表面破损处向外擦拭。

（2）对于油渍等影响电缆护套修复剂附着力的污染物，应采用合适的清洗剂和清洗程序处理，并将清洗剂残留物清除干净。不应使用可能表面造成损伤的清洗工具及清洗剂清除绝缘材料表面的污染物。

4. 涂覆施工

（1）喷涂设备采用喷涂机，输出压力应控制在 0.8MPa±0.1MPa，喷射孔、喷枪腔体与储料罐应清洁无杂质，也可以刷子进行刷涂。

（2）电缆护套修复剂在开封使用前应在密封条件下摇匀备用，喷嘴距被喷涂的电缆护套表面距离应为 30~50mm。

（3）喷涂一遍涂料的厚度（固化后）约为 15~20min，按以上方法至少喷涂两遍，两次喷涂的间隔时间应为 15~20min。

（4）修复层应均匀、光滑，不堆积、不流淌、无气泡、无拉丝、无缺损、无漏涂。

5. 修复效果

导体直径为 800mm² 的普通电缆，运行电压为 110kV，护套材料为 PVC，护套的损伤情况见图 7-32，修复后见图 7-33。

图 7-32　受损电缆的外观

图 7-33　受损电缆修复后

电缆修复修复前后的绝缘电阻测定采用 FLUKE 1550C 电阻仪，耐压试验采用 GZD-2020 多用途全自动电桥，试验条件最高电压 10kV，经过对损伤前后和损伤电缆的耐压试验及绝缘电阻的测量结果见表 7-16、表 7-17。

表 7-16		电缆耐压试验结果	
试样	施加最高电压/kV	击穿电压/kV	结论
电缆损伤前	10	未击穿、无泄漏电流	合格
损伤电缆修复后	10	未击穿、无泄漏电流	合格

表 7-17	电缆绝缘电阻测量结果	
试样	绝缘电阻常数/$M\Omega \cdot km^{-1}$	结论
电缆损伤前	379	合格
损伤电缆	0	不合格
损伤电缆修复后	347	合格

由表 7-16、表 7-17 可见，经过修复后，损伤电缆恢复正常，修复后绝缘性能符合国家标准要求。由于电缆护套修复剂具备自修复性能，修复层再次损伤能自我修复，无需故障定位和停电修复。

7.6 小 结

基于主客体包合自修复技术成功研制了一种具有自修复、抗光老化、超疏水的多功能电缆护套损伤修复剂，并对材料性能进行了评价。经过以上的研究，得到以下的成果：

1）通过在 TiO_2 纳米粒子表面修饰一层主体分子，不仅增强了纳米粒子在聚合物网络中的相容性，还在聚合过程中还起到"交联剂"的作用，显著增强了涂料的机械性能，包括拉伸强度、耐磨性等。

2）研制的修复剂由于添加 TiO_2 纳米粒子，因而具有优良的屏蔽紫外线能力（在 $\lambda = 200\sim350nm$ 区间的屏蔽率＞90%），可以有效阻止 PVC（基底材料模型）在紫外线照射下光降解化学反应的产生，在硬质基材和软质基材表面均可使用。

3）在分子链缠结和主客体包合作用的共同作用下，制备的涂料能够自发修复手术刀造成的划痕，甚至砂纸摩擦造成的严重损伤，并且可以在同一位置至少实现三次自愈合。此外，随着涂层损伤的自愈合，其受损的紫外线屏蔽能力也能够完全恢复。

4）共聚单体包含丙烯酸丁酯（BA），不仅使合成修复剂具有良好的韧性，同时还具有良好的疏水性，有效防止水分、污秽物从护套表面进入电缆内部造成机械、电气性能下降。

5）此外，修复剂还具有良好的附着性，采用拉开法测定，附着力达到 8.6MPa，确保修复层的牢固性。

6）修复剂的电气性能包括体积电阻率、介电强度等满足标准要求。

8 自修复电缆绝缘护套材料的研发与应用

8.1 研 发 背 景

在上一章提出一种具有自修复、抗光老化、超疏水性能的电缆护套修复剂，可针对电缆在安装、运行过程中由于外力、环境因素产生裂纹断面距离＞200μm 的裂纹或者缺失损伤进行修复。但在实际工作中，外力、环境因素产生裂纹断面距离≤200μm，在裂纹产生的初期对电缆的绝缘性能影响较小，现有的故障定位技术也难以检测，但受到环境中的水分、热、潮气等多种因素的影响，微裂纹会加速老化，裂纹的宽度、深度会进一步增大，材料机械、电气性能快速下降，造成严重的缺陷，采用现有的热风焊、热缩管等常规方法需要停电修复，对正常的国民生产和生活产生严重的影响，以日本为例，停电 0.01s 造成的直接经济损失达到 200 万日元（相当于 10 万元人民币），对于工业规模宏大的中国而言（中国年用电量相当于日本的 9 倍），停电修复时间一般需要 2～3 天，甚至更长，停电检修造成的经济损失更是难以估量。如何解决电缆护套微裂纹的危害，自修复电缆护套材料的可以解决这个问题，自修复电缆护套材料无需外界条件刺激自我修复损伤，解决了常规修复方法需要依靠故障定位、停电修复的难题。

项目着眼于"卯榫"自修复模式材料，基于超分子主客体间相互作用的特点，设计合成一种以多聚环糊精（β-环糊精）功能单体为"卯"，以接枝 HEMA 的金刚烷功能单体为"榫"，通过主客体包合形成包合物，包合物中的客体分子与共聚单体通过聚合形成了聚合物长链，形成了环糊精穿套在聚合物主链上的类似轮烷结构；又由于环糊精之间为多聚体结构，聚合长链之间通过环糊精被彼此交联在一起，形成了超高交联度拓扑结构（见图 8-1），这种超高的交联度增加了材料的强度。聚合物长链上的环糊精分子能够在聚合物分子链段上进行滑移，这样在受到外力时，能够通过滑移耗散能量，使得材料具有较好的形变能力和可逆恢复特性。与此同时，聚合物共聚单元之间强烈的可逆相互作用可使材料发生自主愈合，无需外界刺激，在室温即可实现，并且能够自主多次自修复。由于环糊精与金刚烷具有较高的包合指数，同时，多聚环糊精与金刚烷超高交联，使共聚体具有良好的机械强度，与其他基于非共价键的自修复材料相比，杨氏模量提高了两个数量级，拉伸强度与没有采用多聚环糊精相比，拉伸强度提高约 3 倍左右。

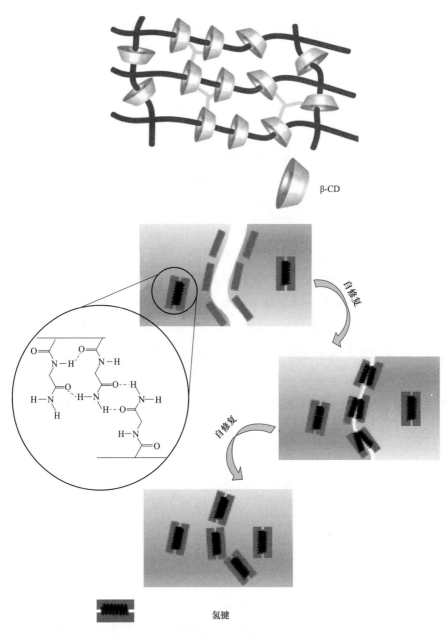

图 8-1　材料的结构及自修复机理示意图

8.2 合 成 技 术 路 线

8.2.1 合成方案设计

项目研发自修复电缆护套材料通过主客体包合等超分子作用力赋予材料自修复能力，由于超分子作用力属于内聚能，如本书第三章所述主客体包合的内聚能包括范德华能、静电能，其中范德华能达到 90.87%，与共价键的键能相比，能量相对较弱，如第六章所述基于主客体包合自修复技术合成的水凝胶的机械强度较低，而项目合成的自修复电缆护套材料属于弹性体，如何提高合成弹性体的机械强度，是项目首先需要解决问题。

为了解决合成弹性体的机械强度，使合成材料具备工业应用的机械强度合成方案上从以下几个方面着手。

（1）主体分子采用 β-环糊精，客体分子采用金刚烷，两者包合常数达到 10^6，高于其他类型主客体包合物，形成牢固、稳定的结合体，有效提高合成材料的机械强度。

（2）环糊精在交联剂的作用下，发生交联，生成多聚环糊精，多聚环糊精与客体分子包合，生成多聚化的包合物，包合物与聚合单体聚合，合成弹性体具有高交联度的网络结构（见图 8-1 的实线圆圈部分），多聚环糊精聚合体中各环糊精通过共价键结合，因此由多聚环糊精形成的网络结构大幅提高了材料机械强度。

（3）环糊精本身含有大量羟基（—OH）与主链上的 H 原子形成（H—O—H）的氢键超分子相互作用（见图 8-1 的虚线圆圈部分），进一步增强材料的机械强度。

以多聚环糊精作为主体分子与客体分子金刚烷通过主客体包合反应生成主客包合物，如何将主客包合物这个功能基团嫁接到聚合物主链上，这就需要对客体分子进行改性，使其生成带有共价键合成产物。金刚烷甲酸（Ad-COOH）氯化亚砜反应获得反应活性强的金刚烷酰氯，再用 2-羟基乙基-甲基丙烯酸酯（HEMA）上的羟基和金刚烷酰氯的氯发生取代反应，合成带有共价键的金刚烷丙烯酸酯，以其作为客体分子与主体分子包合，生成可参与聚合反应的包合物，再进一步与丙烯酸酯类单体共聚合成自修复电缆护套材料，自修复电缆护套材料合成方案见图 8-2。

8.2.2 合成方法

整个合成过程分四个步骤：

（1）主体分子多聚环糊精的合成。环糊精（β-CD）和环氧氯丙烷在碱性条件下反应制备多聚环糊精，环糊精在交联剂环氧氯丙烷作用下在碱性条件下共聚合成多聚体结构。反应式如图 8-3 所示。

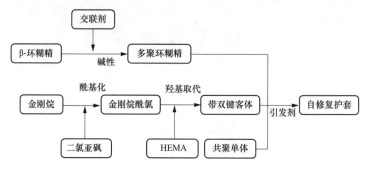

图 8-2　自修复电缆护套材料合成方案设计

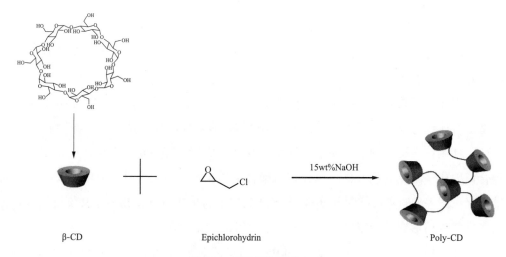

图 8-3　多聚环糊精的合成

（2）合成带双键的客体分子。先将金刚烷甲酸（Ad-COOH）酰基化获得金刚烷酰氯，使 AD-COOH 上的羧基活化成反应活性更高的酰氯基团，再用 HEMA 上的羟基和酰氯反应，制得带双键的客体单体，反应式见图 8-4。

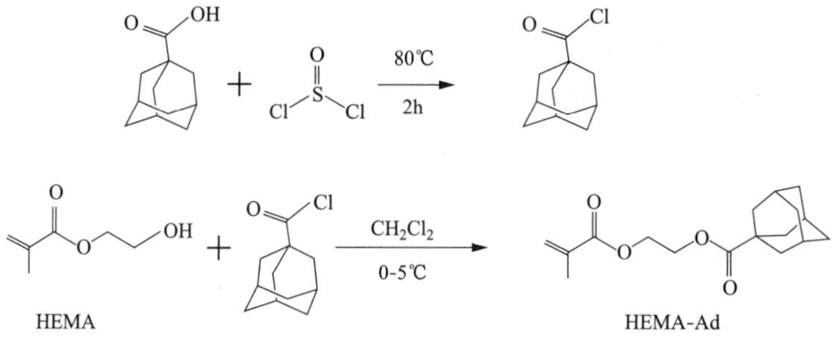

图 8-4　带双键客体分子的合成反应式

（3）合成包合物。Poly-CD 和 HEMA-Ad 在超纯水合成包合物 Poly-CD/HEMA-Ad。

（4）制备自修复电缆绝缘护套。包合物中的客体分子与聚合单体 HEA 在引发剂 KPS 作用下发生共聚反应最终合成具有自修复性能电缆护套材料。整个合成的步骤见图 8-5。根据图 8-5 合成产物是包括多聚环糊精与金刚烷包合作用和氢键（圆圈所示，为 O—H—O 形式）两种物理交联网络结构，形成一种超交联度的网络结构，因此，机械强度大幅提高，与不采用多聚环糊精的结构相比，拉伸强度提高接近 3 倍。

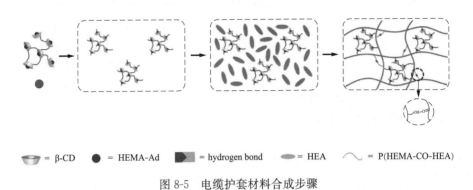

☕ = β-CD ● = HEMA-Ad ◗ = hydrogen bond ◖ = HEA ∿ = P(HEMA-CO-HEA)

图 8-5 电缆护套材料合成步骤

8.3 合 成 试 验

8.3.1 试剂及仪器

试验采用的试剂及规格见表 8-1。

表 8-1　　　　　　　　**Poly-CD-PHEA 材料的制备原料及规格**

原料名称	规格	产地
1-金刚烷甲酸	分析纯	阿拉丁（上海）试剂有限公司
氯化亚砜	分析纯	阿拉丁（上海）试剂有限公司
2-羟基乙基-甲基丙烯酸酯（HEMA）	分析纯	北京百灵威科技有限公司
三乙胺	分析纯	成都市科龙化工试剂厂
二氯甲烷	分析纯	成都市科龙化工试剂厂
β-环糊精	分析纯	成都市科龙化工试剂厂
环氧氯丙烷	分析纯	成都市科龙化工试剂厂
异丙醇	分析纯	成都市科龙化工试剂厂
氢氧化钠	分析纯	成都市科龙化工试剂厂
丙烯酸羟乙酯（HEA）	分析纯	TCI
无水氯化钙	分析纯	成都市科龙化工试剂厂
二甲基亚砜	分析纯	上海泰坦科技股份有限公司
过硫酸钾（KPS）	分析纯	阿拉丁（上海）试剂有限公司

原料名称	规格	产地
四甲基乙二胺	分析纯	阿拉丁（上海）试剂有限公司
95%乙醇	分析纯	成都市科龙化工试剂厂
盐酸	分析纯	成都市科龙化工试剂厂
碳酸氢钠	分析纯	成都市科龙化工试剂厂
无水硫酸钠	分析纯	成都市科龙化工试剂厂
正己烷	分析纯	成都市科龙化工试剂厂
乙酸乙酯	分析纯	成都市科龙化工试剂厂
硅胶	200-300目	阿拉丁（上海）试剂有限公司

试验用主要仪器设备见表 8-2。

表 8-2   **合成试验采用的主要设备仪器**

仪器设备以及型号	生产厂家
PC 系列实验室专用超纯水系统	成都品成科技有限公司
SHB-Ⅲ循环水式多用真空泵	郑州长城科工贸有限公司
DHJF-2005 低温搅拌反应浴	郑州长城科工贸有限公司
R-201 型旋转蒸发器	上海申顺生物科技有限公司
T09-1S 恒温磁力搅拌器（四工位）	上海司乐仪器有限公司
84-1A 磁力搅拌器	上海司乐仪器有限公司
DHG-9140 电热鼓风干燥箱	上海齐欣科学仪器有限公司
聚四氟乙烯模具	上海司乐仪器有限公司
TGL-20M 型台式高速冷冻离心机	湖南赛特湘仪离心机仪器有限公司
DZF-6020 真空干燥箱	上海齐欣科学仪器有限公司
VRD-8 真空泵	浙江飞越机电有限公司

8.3.2 合成步骤

1. 客体分子 HEMA-Ad 的合成

HEMA-Ad 的合成步骤如下：

（1）取 2.3g 金刚烷甲酸（Ad-COOH）溶解在 50ml 二氯亚砜中，在 90℃下搅拌 5h，然后在 R-201 型旋转蒸发器中将多余的二氯亚砜旋干后获得金刚烷酰氯；在 0℃下将 1mL 2-羟基乙基-甲基丙烯酸酯（HEMA）和 1.6ml 三乙胺（催化剂）溶解在 100ml 二氯甲烷溶剂中。

（2）将金刚烷酰氯溶解在 30ml 二氯甲烷中，然后采用恒压漏斗缓慢滴加反应液中，反应过夜后，淡黄色的反应液通过1mol/L盐酸溶液，在梨型分液漏斗中采用碳酸氢钠和去离子水洗涤，加入无水硫酸钠至不再结块，然后过滤掉固体，最后蒸发掉多余的溶剂获得最终产物。

（3）产物通过快速柱色谱进行柱分离，洗脱剂采用和正己烷和乙酸乙酯的混合液，配比为正己烷/乙酸乙酯＝40/1，得到浅黄色的油状液体，静置一段时间后（1～2h）会有固体颗粒析出。

2. 主体分子Poly-CD的制备

试验步骤：

（1）将20.0gβ-CD溶解于30mL浓度为15wt%NaOH溶液中，于35℃条件下搅拌2h，形成澄清透明溶液；

（2）将7.832l mL浓度为0.05mol的环氧氯丙烷（交联剂）加入混合物中，在35℃下反应3.0h，反应过程中严格监控反应温度，因为该反应放热严重，凝胶化效应显著，体系黏度增大时则停止反应；

（3）反应结束后，加入200mL异丙醇（产物不溶于异丙醇）进行沉淀，过滤沉淀（倾析即可），并将所得粗产物溶于30mL水中，用6mol/L HCl中和，并透析一周，最后将产物浓缩并冷冻干燥得到白色固体。

3. 制备Poly-CD-PHEA聚合物弹性体

试验步骤：

（1）将3g的Poly-CD溶于20ml的去离子水中，并加入0.528g的HEMA-Ad，然后超声5min中，并在室温下搅拌24h形成主客体包合物；

（2）依次移取12.09ml的丙烯酸羟乙酯（HEA）并称取276mg KPS（引发剂）加入上一步的20mL的包合溶液中，并超声5min，使得引发剂溶解，然后将混合液置于低温冷却循环浴中在0℃下搅拌均匀，接着用氩气鼓泡30min；最后加入180μL的四甲基乙二胺，接着将混合均匀的聚合液体倒入预制的聚四氟乙烯模具中，表面盖上玻璃以隔绝空气，在室温下反应12h反应完成。

（3）得到的凝胶用去离子水清洗，并在自然环境下干燥3天，得到干凝胶。

4. 对比样本的制备

为了研究不同交联度条件下聚合物材料的性质，故按照表8-3的配方设计了一系列的合成方案，试验步骤如上（所需要调整的是各个反应试剂的配比）。其中2号样为本项目的推荐的最佳配方，上述合成步骤与样品2的配方方案相同，其他编号的样品与2号样相比，主要差别在于包合物质量不同，对照样没有加入包合物。

表 8-3 Poly-CD-PHEA 聚合物弹性体的样品编号及组成

样品编号	交联密度/mol%	包合物质量/g	HEA/ml	KPS/mg	TMEDA/μl	H$_2$O/ml
1	1	2	12.34	276	180	20
2	1.5	3	12.09	276	180	20
3	2	4	12.09	276	180	20
4	3	6	11.84	276	180	20
对照样	0	0	12.21	276	180	20

8.4 合成产物的表征

8.4.1 合成产物的表征所采用的仪器

在整个合成步骤中，每个步骤是否合成目标的产物，可以采用相应的技术手段进行检测，所采用仪器见表 8-4。

表 8-4 主要设备仪器

仪器设备以及型号	生产厂家
Avance Bruker-600 核磁共振波谱仪	Delaware. USA
VHX-1000C 超景深三维显微镜	KEYENCE/日本
Finnigan LCQ^{DECA} 质谱仪	Thermo Fisher，美国
Nicolet 560 傅里叶变换红外光谱仪	Nieolet，美国
Nicolet 710 傅里叶变换红外光谱仪	Nieolet，美国
DynaPro NanoStar 动态光散射测试仪	Wyatt，美国

8.4.2 合成产物的表征

1. 表征方法

（1）一维傅里叶红外表征（FT-IR）。一维傅里叶红外表征（FT-IR）红外光谱图就是记录物质对红外光的吸收（或透过）程度与波长（或波数）的关系。通过红外辐射照射样品，样品吸收能量并转化成分子振动能，这样通过样品池的红外辐射在一定范围内发生吸收，产生吸收峰（又叫吸收谱带）而得到红外光谱。因此，红外光谱中吸收谱带都对应着分子和分子中各基团的振动形式，吸收谱带数目、位置及强度是判断一个分子结构最主要的依据。试验方法：测试前样品在 40℃的真空干燥箱中干燥 24h；制备的样品纯化好后，在 40℃的真空干燥箱中干燥 24h，将待测样品粉末与 KBr 混合压片，进行红外光谱表征，光谱分辨率 4cm^{-1}，光谱范围 400～4000cm^{-1}，扫描次数 32 次，测试温度为室温，用 OMNIC 8.3 软件分析测试结果。

（2）二维傅里叶红外表征（2D-IR）。采用美国 Nieolet 公司的 NICOLET710，傅里叶变换红外光谱仪（配备变温附件），DTGS 检测器，光谱分别率 4cm^{-1}，光谱范围 400～4000cm^{-1}，扫描次数 16 次，控温范围：25～70℃，升温速度 5℃/min。测试得到的二维红外数据利用二维红外分析软件进行分析。其中波长范围：1050～1200cm^{-1} 的区域进行截取。

（3）核磁氢谱表征（^{1}HNMR）。采用 Bruker AVANCE AV Ⅱ-600NMR 核磁共振仪对产物进行了结构表征。测试前需将样品放在 40℃的真空干燥箱中干燥 24h，将不同的样品溶解在对应的氘代试剂中，内标为 TMS，测试温度为室温。

（4）核磁碳谱表征（^{13}CNMR）。采用 Bruker AVANCE AV Ⅱ-600NMR 核磁共振仪对产物进行了结构表征。测试前需将样品放在 40℃的真空干燥箱中干燥 24h，将不同的产物溶解在对应的氘代溶剂中，内标为 TMS，测试温度为室温。

（5）质谱表征。采用 Finnigan LCQ^{DECA} 质谱仪（Thermo Fisher，美国）对产物进行质谱表征，通过检测是否出现了目标产物的分子离子峰，来确定目标产物是否合成。

（6）纳米粒子的水合动力学直径测试。纳米粒子或纳米凝胶的水合动力学直径通过动态光散射测试（DLS）进行表征，动态光散射测试（DLS）结果通过 DynaPro NanoStar（Wyatt，美国）测试得到。为了能够使得制备的样品满足瑞利色散的条件，样品尽可能地配制较低的浓度，本试验样品浓度为 0.5mg/ml，所制备的测试溶液用 0.45μm 的滤膜进行过滤，测试前观察通过样品池的光路，应是一条直线而不应呈现纺锤线形，样品浓度过高，存在着浓度的涨落，色散较为严重时则呈现纺锤线形。调节光圈大小和滤光片使得入射光强度在测试范围内。

2. 主体分子 Poly-CD 的合成与表征

主体分子多聚环糊精（Poly-CD）通过一步法的方法合成，通常是在碱性条件下，通过 β-CD 和作为交联剂的环氧氯丙烷共聚合获得。Poly-CD 合成需要注意两个问题：首先，得到的 Poly-CD 是一系列分子量不同的多聚环糊精的混合物。为了得到实验中所需要的作为大分子物理交联剂的 Poly-CD 分子，故需要对所制备的 Poly-CD 进行筛选，所采用的方法是选用能够截留两个分子量的透析袋（MW＝3500 Da）对 Poly-CD 进行筛选分离，也即纯化处理过程；其次选用的碱性溶液为质量分数为 15wt％的 NaOH 溶液，根据相关文献的报道，当碱液溶度 NaOH＜33％时，环氧氯丙烷开环形成的 2-羟丙基醚段分别与 CD 空腔两侧的 OH 进行反应，而选用 15wt％的 NaOH 溶液，所得到的 Poly-CD 链中环氧氯丙烷/环糊精摩尔比接近于两种物质的初始投料比，便于确定主体分子 Poly-CD 和客体分子 HEMA-Ad 的包合比例，更重要的是，所得到的 Poly-CD 虽然是一种具有多分散性的非线性结构，但其主要还是以球形的多聚物为主。为了确定产物结构，采用核磁共振碳谱对 Poly-CD 进行研究，为了得到较明显的信号峰，取 30mg 的 Poly-CD 溶于 0.4mL 的 D_2O 中进行核磁扫描。并对测试结果进行分析。

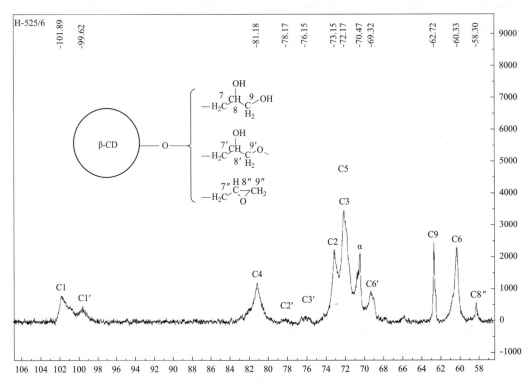

图 8-6　Poly-CD 的 ^{13}CNMR 谱图（室温测试，600MHz，溶剂为 D_2O）

结果分析如下：由图 8-6 可见，^{13}CNMR 核磁谱图显示了残余 EP（环氧氯丙烷）位置。共振的 C-2′，C-3′ 和 C-1′ 是 C-2，C-3 被取代的结果，导致带有取代基的 C 化学位移朝低场移动 5ppm，而对于 β 碳（C-1′）化学位移略微向高场移动；C-6′ 的共振是由于在 C-6 处发生取代反应，化学位移朝低场移动 9ppm；而 C-9 处的共振是由 2-羟丙基酯链段的末端 C 原子；C-8″ 则是因为存在着缩水甘油基，这也进一步说明聚合物在进一步存放后产生凝胶的原因；综合以上的谱图分析，Poly-CD 合成是成功的，Poly-CD 的 ^{13}C NMR 上不同碳原子的化学位移列于表 8-5 中。

表 8-5　　　　　　　　　　Poly-CD 的 ^{13}CNMR 上不同碳原子的化学归属

名称	化学位移归属						
C	C1	C1′	C2	C2′	C3	C3′	C4
δ	101.89	99.62	73.15	78.17	72.17	76.15	84.18
C	C4	C5	α	C6	C6′	C8″	C9
δ	84.18	72.17	70.47	60.33	69.32	58.30	60.72

为了更好地确定所制备的 Poly-CD 的大分子物理交联剂尺寸大小，对其水合动力学直径进行测试，具体实验过程如下：配制试验样品浓度为 0.5mg/ml，所制备的测试溶液用 0.45μm 的滤膜进行过滤，测试前观察通过样品池的光路，应是一条直线而不应呈现纺锤线形，样品浓度过高，存在着浓度的涨落，色散较为严重时则呈现纺锤线形。最后调节光圈大小和滤光片使得入射光强度在测试范围内。根据动态光散（DLS）的测试结果可以知道，Poly-CD 的水合动力学直径平均为 10nm 左右（见图 8-7）。

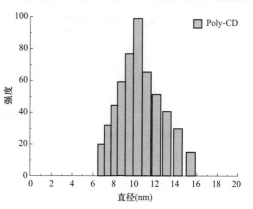

图 8-7 Poly-CD 水合动力学直径 DLS 测试结果

3. 客体分子的合成表征

HEMA-Ad 的合成原理先用金刚烷甲酸和二氯亚砜反应，使金刚烷甲酸上的羧基活化成反应活性更高的酰氯基团，再加入用 HEMA 上的羟基和酰氯反应制得。HEMA-Ad 的合成效果采用核磁氢谱和核磁碳谱表征（样品溶液的配制：样品溶液的浓度一般为 5%～10%，体积约为 0.4mL）检测的核磁氢谱见图 8-8。

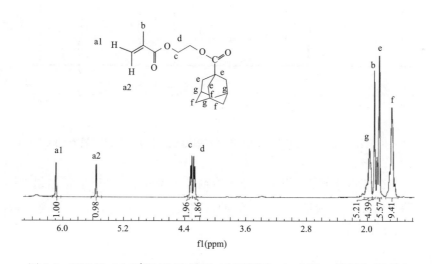

图 8-8 HEMA-Ad 的 ^{1}H NMR 谱图（室温测试，400MHz，溶剂为 CDCl$_3$）

以 CDCl$_3$ 为溶剂的 HEMA-Ad 的 ^{1}H NMR 表征结果，如下：δ 6.09（s，1H），5.55（s，1H），4.31（t，2H），4.26（t，2H），1.68-1.92（m，15H，H of AD）。根据检测结果分析，如下：6.09ppm 和 5.55ppm 分别代表 2-羟基乙基-甲基丙烯酸酯双键上的氢，且积分比例满足 1:1；4.31ppm 和 4.26ppm 处对应酯键附近的亚甲基氢（c 和

d)，积分比例同样满足 1∶1，说明有酯键生成；1.77ppm 对应金刚烷上的氢 e 位亚甲基氢，其与 HEMA 上 a 处的氢积分比例为 6∶1 刚好符合 HEMA-Ad 对应氢的个数比，说明产物成功制备。

为了进一步确定产物分子结构，以 CDCl₃ 为溶剂的 HEMA-Ad 的 ^{13}C NMR 表征结果如图 8-9 所示，其中 177.40ppm 和 167.30ppm 处分别对应两个羰基碳，136.01ppm 和 125.90ppm 对应双键上的两个碳。62.40ppm 和 61.71ppm 处信号对应-OCH₂CH₂O-上的两个碳原子。从 38.59ppm 处到 27.88ppm 的四组信号峰对应了金刚烷上的 4 类碳原子。最后 18.17mmp 处的信号对应 c 处的甲基。

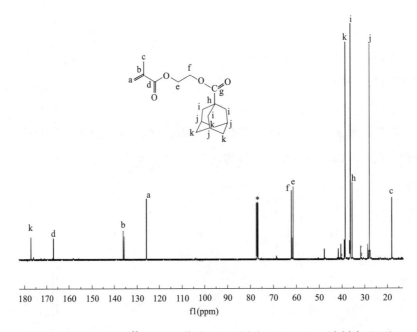

图 8-9　HEMA-Ad 的 ^{13}C NMR 谱图（室温测试，400MHz，溶剂为 CDCl₃）

同时为了测试产物分子量，以甲醇作为溶剂，客体分子的 MS 表征结果如图 8-10 所示。其中 M/e＝315.26 处满足分子离子峰的各项条件，故考虑其为分子离子峰，［M＋Na］⁺＝315.26（理论值为 315.17）。

综合以上分析，说明客体分子 HEMA-Ad 合成成功。

4. 包合物的合成表征

Poly-CD 自愈合材料是以 Poly-CD 为主体分子，HEMA-Ad 为带双键的客体分子，选用单取代的 HEA 作为共聚合反应单体，以过硫酸钾（KPS）为引发剂，TEMDA 为催化剂在室温下聚合得到。其中 Poly-CD 充当大分子物理交联剂，为聚合物网络提供稳定的结构，并提高基体材料的强度。

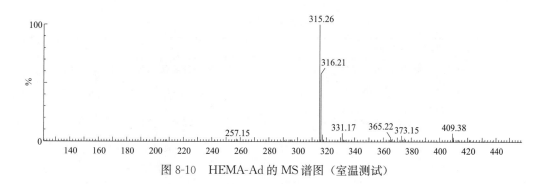

图 8-10　HEMA-Ad 的 MS 谱图（室温测试）

众所周知，β-CD 与金刚烷（Ad）基团之间有较强的主客体包合作用。这样将 Poly-CD 和 HEMA-Ad 在水溶液中搅拌 24h 后即可得到 HEMA-Ad/Poly-CD 的包合物。2D NOESY 是验证 CD 和 Ad 之间包合作用最有说服力的手段之一，（样品制备过程与一维¹H NMR 一样）如图 8-11 所示，可以在 HEMA-Ad 和 Poly-CD 包合物的 NOESY 光谱中清楚地观察到相应的相关信号（见蓝色框图标记），在框图中显示了 Ad 官能团的质子和 β-CD 的内质子之间的显著相关信号，表明形成稳定的包合物。

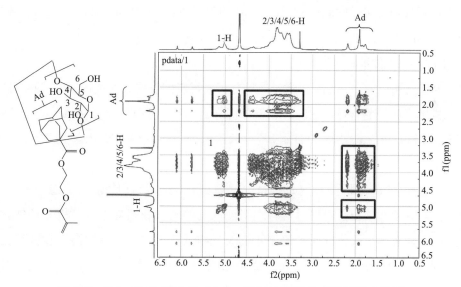

图 8-11　Poly-CD 和 HEMA-Ad 的二维红外光谱图（NOESY 光谱图）

8.5　合成产物的性能测试

8.5.1　合成产物的表征所采用的仪器

最终合成的材料的性能参照相关国标方法进行检测，所采用仪器见表 8-6。

表 8-6　　　　　　　　　　　　　　　　主要设备仪器

仪器设备以及型号	生产厂家
VHX-1000C 超景深三维显微镜	KEYENCE，日本
JSM-7500F 扫描电镜	JEOL，日本
VHX-1000C 超深景三维显微镜	Keyence，日本
Varioskan Flash 紫外/可见光（UV/Vis）光谱仪	Thermo Fisher，美国
接触角测定仪	KRUSS，德国
BL-GHX-V 光化学反应仪	北京比朗实验设备有限公司
荧光光谱仪	Varioskan Flash，USA
ZC36 型高阻微电流计	上海苏海电气有限公司
ZJC-50kV 介电强度测定仪	北京中航时代仪器设备有限公司

8.5.2　合成产物的性能检测方法

（1）材料的形貌结构表征。材料的表面结构形貌可通过扫描电镜（SEM）来表征，其中自愈合材料的横截面 SEM 图利用 JSM-7500F 测得（JEOL，日本），而所制备的材料自愈合前后表面形貌图则利用 PhenomTM 测得（Phenom-World BV，中国）。数字 3D 图片利用激光扫描显微镜（Zeiss，LSM 800，德国）或超深景三维显微镜（VHX-1000C，Keyence，日本）获得。

（2）热重分析（TGA）测试。通过热重分析对材料的热稳定性进行评价，同时还分析材料中无机纳米粒子的含量。试验的热重分析（TGA）仪为 Thermal Analyzer EXSTAR 6000（Seiko Instruments Inc.，日本），测试条件为：$25 \sim 600℃$，升温速率 $10℃/min$，氮气气氛。

（3）动态热机械分析测试（DMA）。材料的动态力学性能通过动态热机分析仪（DMA）进行评价和表征，可以对材料在温度区间的模量和损耗进行分析和评估。本试验使用 Q800 动态热机械分析在多频拉伸模式下测试各组样品的储能模量和玻璃化转变温度。测试条件为：频率为 $1Hz$，测试温度范围为 $-60 \sim 80℃$ 和 $-30 \sim 130℃$（针对不同的测试样品），加热速度为 $3℃/min$，样条大小为 $30 \times 5 \times 1mm$。

（4）静态力学性能测试。静态力学性能通过应力-应变曲线测试结果进行评估。本试验中应变曲线通过电子万能材料试验机（AG-10TA，Simadzu，日本）进行检测。测试条件：测试速率为 $500mm/min$，拉伸夹具间的初间距 $25mm$，所有样品在测试前在相同的温度和湿度条件下处理 16h 以上，相同的样品至少测试三次以上并取平均值。

（5）体积电阻率测试。采用直流放大法即高阻计法进行体积电阻率测量。本实验选用 ZC36 型高阻微电流计。该仪器测量方位为 $10^6 \sim 10^{17} \Omega$，误差 $\leqslant 10\%$。所测试的试样表面应平整、均匀、无裂痕和机械杂质等缺陷。

（6）氧指数测试。氧指数测试用于检测样品的耐燃性能。本试验参考标准为国标GB/T 2406.2—2009，试验采用纯度不低于98％的氧气和氮气混合气体作为气源，试样尺寸长宽高分别为100mm，(6.5±5)mm，(3±0.25)mm。采用顶面燃烧方法，其氧指数测量判据为点燃后的燃烧时间为180s，燃烧长度为试样顶端以下50mm。

（7）介电强度表征。介电强度测试环境温度（20±2）℃，采用对称电极，直径为25mm，电极边缘圆弧直径2.5nm，试样厚度（1±0.1）mm，试验用绝缘油的介电强度2.3kV/mm。试验起始电压为零，升压速度为2kV/s。

（8）抗老化性能测试。本试验参考标准为国标GB/T 32129—2015，试验设备为鼓风式自然通风老化箱，老化介质为空气，空气每小时更换次数为8～20次老化温度控制在（100±2）℃，老化时间为168小时。从老化箱中取出，在室温（23±2）℃，湿度45％～55％环境中调节4小时。老化后样品拉伸强度和断裂伸长率测定采用万能试验机，拉伸速度（250±50）mm/min。

8.5.3　性能检测结果

1. 机械性能

通常来讲，对于传统的化学交联网络的聚合物而言，随着交联密度提高，材料的机械性能随之也增强，实验结果也是如此。首先，制备了一系列不同浓度 Poly-CD/HE-MA-Ad（指聚合物中金刚烷与环糊精包合物含量，见表8-3 的 Poly-CD-PHEA 材料，并测试了这些材料的力学性质。其中动态力学分析（DMA）和拉伸测试分别用于研究材料的动态和静态的力学性能。图 8-12 描述具有不同交联密度的材料的储能模量（E）和损耗角正切 tan δ 与温度的关系。图 8-12(a) 为储能模量与温度的关系图，储能模量是反映材料弹性大小的指标，储能模量越大，材料发生形变缩需要的力越大，由图可见，随着温度增加储能模量渐渐下降，当温度进一步上升，材料处于高弹态，模量降低到恒定值，在高高弹态下，聚合物中金刚烷与环糊精包合物含量的含量越高，储能模量越大，储能模量是反映材料弹性大小的指标，储能模量越大，材料发生形变所需要的力越大，也就是拉伸强度增大，但形变减小。试验表明当聚合物交联网络内交联密度增加到 3％ mol时，材料的弹性丧失并发生脆断，因为在材料内部 Poly-CD 含量的增加，材料的脆性增加，由图 8-12(a) 可见当包合物含量为 1.5％ mol 时，与包合物含量为 1％ mol 比较尽管材料的强度没有显著的改变，但经过拉伸试验表明材料的断裂伸长率接近 600％，表明材料具有优良的弹性，综合考虑材料的强度和弹性，最终我们选择交联密度为 1.5％ mol 作为最佳配方方案（即 2 号样）。

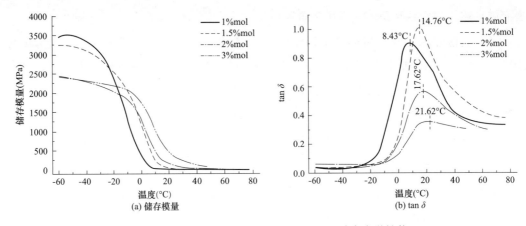

图 8-12　不同交联密度下 Poly-CD-PHEA 动态力学性能

一般来说，转化温度 T_g 从 tan δ 的峰值处获得，显然，转化温度 T_g 随着 HEMA-Ad/Poly-CD 含量的增加而增加，这是因为 Poly-CD 充当多官能度的大分子交联剂的作用，在材料中引入量的增加相当于提高的材料的交联密度。然而，对于 tan δ 来说，tan δ 的峰值随着交联剂量的增加逐渐变宽并慢慢下降，这与传统化学交联聚合物材料的变化规律一致。这进一步表明 Poly-CD 在聚合物材料内部充当交联剂作用。此外，这也

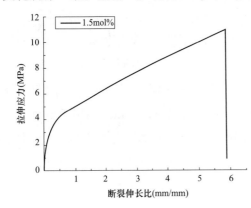

图 8-13　交联密度为 1.5 mol％ 的
Poly-CD-PHEA 弹性体的应力-应变曲线

与 Poly-CD 本身的性质有关。这是因为 Poly-CD 本身就是一种硬而脆的聚合物，这种大分子物理交联剂引入聚合物材料内部作为一种材料的硬质组分。这使得材料内部链段的运动性降低并且在聚合物链间相互作用力的分散变宽。此外，由于这种 Poly-CD 是一种具有高分散性的非线性结构，这反过来使分子链之间的链缠结更为严重。

通过对 2 号样进行拉伸测试得到材料的应力-应变曲线如图 8-13 所示（拉伸速度500mm/min），其拉伸应力达到 11MPa，断裂伸长率接近 600％，性能符合国标要求。

2. 合成材料的热稳定性

作为材料的连接单元，Poly-CD 物理交联剂的引入对材料热稳定性的影响如图 8-14 所示。整个热失重（TGA）实验在氮气氛围下进行，升温速率 10℃/min，升温区间为 25～600℃。将质量损失比率为原样品的 5％ 确定为初始分解温度，不含 Poly-CD 的 PHEA 的最快分解温度约为 425℃，随着温度的升高，聚合物完全分解。然而，Poly-CD 的最快分解温度为 320℃ 左右，且初始分解温度约为 200℃，最后约有 20％ 左右的残碳剩

余。对于含有 Poly-CD 的聚合物材料 Poly-CD-PHEA，其最快的分解温度约为 413℃，这与纯的 PHEA 差别不大。值得注意的是在 300℃ 以前，该材料的热失重曲线与 Poly-CD 的热失重曲线基本一致。这表明在该温度区间范围内主要是大分子物理交联剂 Poly-CD 的分解。随着温度的上升，整个聚合物开始分解，最后剩余 10% 左右的残碳，这归属于 Poly-CD 部分。总之，Poly-CD 的

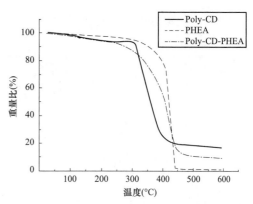

图 8-14　合成材料和 Poly-CD 的 TGA 测试结果

引入对材料的最大失重温度没有太大的影响，所得 Poly-CD-PHEA 材料可忍受 250℃ 高温，材料热稳定性良好。

3. 电气性能

高分子材料的电学性能是指在外加电场作用下材料所表现出来的介电性能、导电性能、电击穿性质以及与其他材料接触、摩擦时所引起的表面静电性质等。最基本的是电导性能和介电性能，前者包括电导（电导率 γ，电阻率 $\rho = 1/\gamma$）和电气强度（击穿强度 E_b）；后者包括极化（介电常数 ε_r）和介质损耗（损耗因数 $\tan\delta$）。共四个基本参数。

种类繁多的高分子材料的电学性能是丰富多彩的。就导电性而言，高分子材料可以是绝缘体、半导体和导体。多数聚合物材料具有卓越的电绝缘性能，其电阻率高、介电损耗小，电击穿强度高，加之又具有良好的力学性能、耐化学腐蚀性及易成型加工性能，使它比其他绝缘材料具有更大实用价值，已成为电气工业不可或缺的材料。高分子绝缘材料必须具有足够的绝缘电阻。绝缘电阻决定于体积电阻与表面电阻。由于温度、湿度对体积电阻率和表面电阻率有很大影响，为满足工作条件下对绝缘电阻的要求，必须知道体积电阻率与表面电阻率随温度、湿度的变化。

（1）体积电阻率。体积电阻率是指绝缘材料里面的直流电场强度与稳态电流密度之比，即单位体积的电阻率。这里采用的是直接法中的直流放大法，也称高阻计法，ZC36 型 $10^7\Omega$ 超高电阻测试仪测试原理如图 8-15 所示。该方法采用直流放大器，对通过试样的微弱电流放大后，推动指示仪表，测出绝缘电阻，其测量原理如下：

当 $R_0 \ll R_x$ 时，则 $\qquad\qquad R_x = (U/U_0) \cdot R_0$ $\qquad\qquad$ (8-1)

式中 R_x——试样电阻，Ω；

$\qquad U$——试验电压，V；

$\qquad U_0$——标准电阻 R_0 两端电压，V；

R_0——标准电阻，Ω。

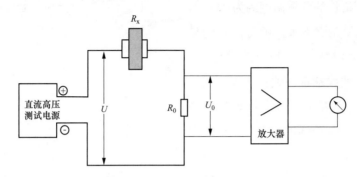

图 8-15 ZC36 型 $10^{17}\Omega$ 超高电阻测试仪测试原理图

U—测试电压（V）；R_0—输入电阻（Ω）；R_X—被测试试样的绝缘电阻（Ω）

体积电阻率 $\rho_v = R_v(A/h)$

其中

$$A = (\pi/4)\cdot d_2^2 = (\pi/4)(d_1 + 2g)^2 \qquad\qquad (8\text{-}2)$$

式中 　ρ_v——体积电阻率，$\Omega\cdot m$；

　　R_v——测得的试样体积电阻，Ω；

　　A——测量电极的有效面积，m^2；

　　d_1——测量电极直径，m；

　　g——测量电极与保护电极间隙宽度，m。

测量仪器中有数个不同数量级的标准电阻，以适应测不同数量级 R_x 的需要，被测电阻可以直接读出。高阻计法一般可测 $10^{17}\Omega$ 以下的绝缘电阻。

从 R_x 的计算公式看到 R_x 的测量误差决定于测量电压 U、标准电阻 R_0 以及标准电阻两端的电压 U_0 的误差。

根据该实验原理对样品进行体积电阻率测试，其测试结果见表 8-7。

表 8-7　　　　　　　　　　　　样品的体积电阻率测试结果

试样编号	1	2	3	4
体积电阻 R_v（Ω）	1.25×10^{10}	1.8×10^{10}	7.5×10^{9}	8.3×10^{9}
试样厚度 h（m）	2.96×10^{-3}	3.23×10^{-3}	3.00×10^{-3}	3.00×10^{-3}
体积电阻率 ρ_v（$\Omega\cdot m$）	9.98×10^{9}	1.44×10^{10}	6.00×10^{9}	6.64×10^{9}

由表 8-7 可见，样品的体积电阻为 $9.26\times10^{9}\Omega\cdot m > 1\times10^{9}\Omega\cdot m$，绝缘性能满足要求。

（2）介电强度。介电强度也是表征绝缘材料绝缘性能的重要指标，自修复护套材料各试样介电强度见表 8-8。介电强度越高，绝缘性能越好，介电强度为击穿电压与绝缘之比，计算式如式（8-3）。

$$E_B = \frac{U_B}{d}$$ (8-3)

式中　E_B——介电强度，MV/m；

　　　U_B——击穿电压，MV；

　　　d——击穿处的厚度，m。

采用对称电极，直径为 25mm，电极边缘圆弧直径 2.5nm，试样厚度（1±0.1）mm，试验用绝缘油的介电强度 2.3kV/mm。试验起始电压为零，升压速度为 2kV/s。

表 8-8　　　　　　　　　　自修复护套材料各试样介电强度

编号	1	2	3	4	5	6
E_B/kV/m	18.8	18.5	18.2	18.6	18.6	18.7

自修复护套的介电强度为 18.6kV/m＞18kV/m，满足国家标准的要求。

4. 氧指数

氧指数是指通入（23±2）℃的氧、氮混合气体时，刚好维持材料燃烧的最小氧浓度，以体积分数表示。其采用的原理是将一个垂直固定在向上流动的氧、氮混合气体的透明燃烧筒里，点燃试样的顶端，并观察试样的燃烧特性，把试样连续燃烧时间或试样燃烧长度与给定的判据相比较，通过在不同氧浓度下的一系列实验，估算样浓度的最小值。

为了与规定的最小氧指数数值进行比较，试验三个试样，根据判据判定至少两个试样熄灭。

试样的制备，对于电缆用的试样，参考 GB/T 2406.2—2009 中试样尺寸，对于电器用自支撑模塑材料或板材，其试样尺寸长宽高分别为 70～150mm，（6.5±0.5）mm，（3±0.25）mm。因此所制备样参考该标准进行。

实验方法，采用顶面点燃法。顶面点燃是在试样顶面使用点火器点燃。将火焰的最低部分施加于试样的顶面，如需要，可覆盖整个顶面，但不能使火焰对着试样的垂直面或棱。施加火焰 30s，每隔 5s 移开一次，移开时恰好有足够时间观察试样的整个顶面是否处于燃烧状态。每增加 5s 后，观察整个试样顶面持续燃烧，立即移开点火器，此时试样被点燃并开始记录燃烧时间和观察燃烧长度。

实验中氧指数测量的判据，根据试样类型和顶面点燃的点燃方法，采用的判据（二选一）标准为点燃后的燃烧时间为 180s，燃烧长度为试样顶端以下 50mm。因为选用的聚合物材料采用的是丙烯酸羟乙酯的单体，查看国标 GB/T 2406.2—2009 中关于聚甲基丙烯酸甲酯 PMMA 厚度为 3mm 样品的氧指数为 17.3～19.1，又在实验前观察样品在空气的点燃情况，所点燃样品在空气中点燃后不稳定燃烧，故其氧浓度在 21％ 以上，于是实验的初始氧浓度为 24％，实验结果见表 8-9。

表 8-9　　　　　　　　　　　　　氧 指 数 测 试 结 果

实验次数	氧浓度（％）	持续燃烧时间（min）	燃烧长度
1	24	3	未燃烧至 50mm 标线处
2	24.5	3	未燃烧至 50mm 标线处
3	25	3	未燃烧至 50mm 标线处
4	25.5	3	恰好燃烧至 50mm 标线处
5	26	2	燃烧至 50mm 标线处

根据表中的测试结果可以知道，氧指数约为 25.5％（体积分数）。为了与规定的最小氧指数数值进行比较，重新在氧气浓度为 25.5％ 的条件下，试验三个试样，所有样品均在 3min 时刚好燃烧至 50mm 标线处。综上，所制备的样品氧指数为 25.5％，符合国家标准要求 [17.3％～18.1％（GB/T 2406.2—2015）]。

5. 自修复性能

由于存在大量的主客体相互作用，聚合物材料 Poly-CD-PHEA 表现出优异的自修复性能。对于新型的自修复材料不仅是形貌上修复，还包括其他性能的恢复，并且恢复后的性能能满足国家标准的要求。为了表征材料形貌和其他性能的恢复能力，采用材料损伤修复后的测定数据与材料原始测定数据之比的百分率来表示自修复的能力。

（1）Poly-CD-HEA 材料的自修复机理。图 8-16 为 Poly-CD-PHEA 材料的自愈合机理示意图。当涂层被切成两段后，材料中的化学键和超分子作用力均有可能产生断裂。由于主客体之间的作用力低于共价作用力，所以断面处环糊精和金刚烷主客体之间的包合会优先断开。将伤口的两个断面相互靠拢并轻轻按压，断面上非缔合的金刚烷客体分子会在重新进入主体分子环糊精的空腔中，主客体相互作用会再次形成。断裂面通过这种主客体识别作用连在一起，从而实现了材料的自愈合。

为了证明环糊精和金刚烷主客体相互作用在 Poly-CD-PHEA 材料在自愈合中起到关键作用。我们将饱和的环糊精（或竞争性客体分子金刚烷羧酸钠分子）水溶液滴在样品 1 的伤口上，2 小时后发现样品 1 并没有实现自愈合。原因是水中游离的环糊精会作为竞争主体分子优先与断面处的金刚烷客体分子发生包合形成主客体包合物（或者是竞争性客体分子优先与断面处的客体分子发生包合形成主客体包合物），因而导致伤口断面上的主，客体分子无法实现主客体相互作用而无法自愈合（如图 8-17 所示）。

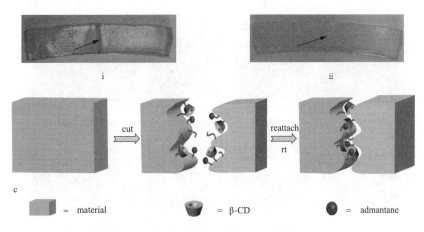

图 8-16　材料自愈合机理示意图

（2）自修复护套材料的形貌自修复。如图 8-18 所示，矩形样条的聚合物材料用刀片切成两段然后将新鲜断面接触到一起。然后样品在室温下就能愈合到一起而无需任何处理，而且愈合后的样品可再次进行拉伸而不易发生断裂。相反，常规电缆用的 PVC 材料完全不能够进行自愈合，被切断的样品始终处于断裂状态。为进一步表征 Poly-CD-PHEA 的自愈合效果，我们对材料进行了 3 次破坏和修复，然后测试了材料自修复的程

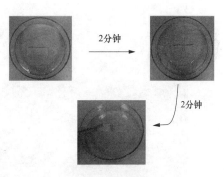

图 8-17　饱和的环糊精水溶液
干扰自愈合的对比实验

度。首先，将材料表面用手术刀划出一条出 $10mm \times 1mm \times 1mm$（长×宽×深度）的裂纹，用 SEM 对材料自修复前后的伤口进行观察，可发现：材料的裂纹基本完全消失（见图 8-19）。为进一步观察和评估裂纹自修复的效率，我们通过 3D 激光共聚焦显微镜对材料自愈合前后的裂纹断面进行可视化，并通过计算了自修复前后断面处的截面积，结果表明：在愈合前截面积大 $805.86 \mu m^2$ 的伤口，在愈合后基本观察不到断面，断面截面积面积为 $0 \mu m^2$，说明材料的损伤面完全修复，材料自修复效率接近 100%（如图 8-20 所示）

$$\eta_s = \frac{S_0 - S_n}{S_0} \times 100 = \frac{805.86 - 0}{805.86} \times 100 = 100 \tag{8-4}$$

（3）拉伸性能的自修复效率。我们通过拉伸实验研究和评估在室温条件下愈合 24h 的材料的自愈合效率。从图 8-21 可以看到，对于样品损伤 30% 深度（原样厚度 3mm 左右）以内的小裂纹，Poly-CD-PHEA 自修复后，材料的应力和应变可修复 80% 以上（原样的拉伸强度为 11.02MPa，修复后样品的拉伸强度为 9.02MPa），修复后材料的性能也能够满足国家标准对电缆护套材料力学性能的要求。

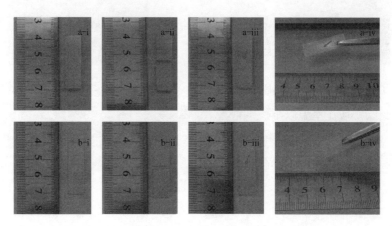

图 8-18　a) Poly-CD-PHEA b) PVC 材料的照片：（i）原始样；（ii）切断后；（iii）断面接触两小时后

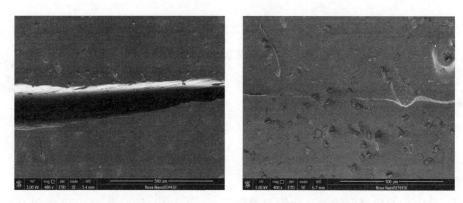

图 8-19　Poly-CD-PHEA 材料愈合前后伤口处的 SEM 图

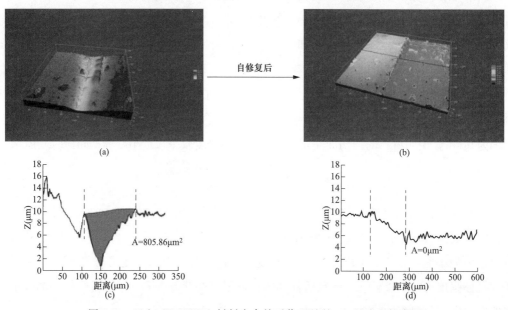

图 8-20　Poly-CD-PHEA 材料愈合前后伤口处的 3D 照片和轮廓图

$$\eta_\delta = \frac{\delta_n}{\delta_0} \times 100 = \frac{9.02}{11.02} \times 100 = 82(\%) \tag{8-5}$$

值得我们注意的是，从之前的热动力学性质的讨论中我们知道，我们制备的聚合物材料的玻璃化转变温度均在室温以下。这表明我们制备的材料室温下是一种弹性体聚合物材料。材料内部的柔性聚合物链段能够改善聚合物中主客体分子的运动，这有利于自愈合过程的进行。同时选用多聚环糊精 Poly-CD 作为大分子物理交联剂提供了更多的主客体相互作用的位点和结合概率。在这一体系中，聚合物链的柔韧性，主客体相互作用的协同作用使得制备的弹性体材料具有较好的自愈合性能。

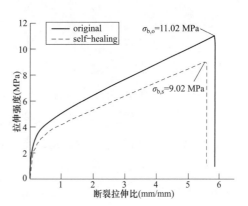

图 8-21　包合物含量为 1.5% mol 材料室温下自愈合 24h 前后的拉伸性能

（4）体积电阻率自修复效率。将样品用手术刀损伤后，待样品完全自修复后（约 18h），采用高阻仪测定材料的绝缘电阻，并计算出材料的体积电阻率，测定结果见表 8-10。

表 8-10　　　　　　　　　　　愈合后样品的体积电阻率测试结果

试样编号	1	2	3	4
体积电阻 $R_v(\Omega)$	1.05×10^{10}	1.19×10^{10}	6.84×10^{9}	7.84×10^{9}
试样厚度 $h(m)$	2.96×10^{-3}	3.23×10^{-3}	3.00×10^{-3}	3.00×10^{-3}
体积电阻率 $\rho_v(\Omega \cdot m)$	8.38×10^{9}	1.49×10^{10}	5.42×10^{9}	6.24×10^{9}

自修复后样品的体积电阻率平均值为 $\rho_v = 8.74 \times 10^9 \Omega \cdot m$，体积电阻率均满足国标 GB/T 32129—2015 的要求。根据原始样品的体积电阻率，可以计算体积电阻的自修复效率。

$$\eta = \frac{\rho}{\rho_0} \times 100 = \frac{8.74 \times 10^9}{9.26 \times 10^9} \times 100 = 94.3(\%) \tag{8-6}$$

（5）介电强度的自修复。将同样尺寸的样品用小刀人为切断，然后将两个断面互相接触，等待 18h 后两个断面自修复后，测定修复后样品的体积电阻率，结果见表 8-11。

表 8-11　　　　　　　　　　　试样受损自修复后的介电强度

编号	1	2	3	4	5	6
$E_B/kV/m$	18.0	18.2	18.2	18.4	18.2	18.4

试样受损自修复后的介电强度为 18.6kV/m，介电强度符合国标的要求。根据原始

样品的体积电阻率，可以计算体积电阻的自修复效率。

$$\eta = \frac{E}{E_0} \times 100 = \frac{18.2}{18.6} \times 100 = 97(\%) \tag{8-7}$$

6. 自修复电缆绝缘护套抗老化性能

自修复电缆绝缘护套抗老化性能测试采用热空气老化法，参照标准 GB/T 529—2009，样品在 100℃ 的条件下老化 168h，测定样品热老化前后拉伸强度和断裂伸长率的变化率，热老化前后拉伸强度和断裂伸长率的变化率不得大于 25%。

热老化箱采用自然通风老化箱，不采用鼓风机、风扇，在试验温度下空气更换次数 8~20 次。试片采用哑铃形，厚度为（1±0.1）mm，试片应垂直悬挂老化箱中部有效工作区内，试片之间的距离至少为 20mm。按规定的时间和温度处理后，从老化箱中取出，在温度（23±2）℃、相对湿度 45%~55% 的环境下调节不少于 4h。与未经过热老化的样品一起进行拉伸强度和断裂伸长率测定。

由表 8-12 可见，样品在 100℃ 的条件下老化 168h 后，拉伸强度、断裂伸长率均小于 25%，抗老化性能合格。

表 8-12　　　自修复电缆绝缘护套热老化前后拉伸强度与断裂伸长率变化率

序号	项目	测定结果（%）
1	热老化后拉伸强度变化率（100℃，168h）	10.1
2	热老化后断裂伸长率变化率（100℃，168h）	17.8

8.5.4　产品第三方检测

项目研发的自修复电缆护套委托权威机构进行检测，检测结果见表 8-13。

表 8-13　　　　　自修复电缆护套第三方检测结果

序号	样品名称	项目名称	测定结果	试验标准
1	自修复护套材料（原始样）	20℃体积电阻率	$3.3 \times 10^{10}\Omega \cdot m$	GB/T 1410—2006
	自修复护套材料（自修复后）	20℃体积电阻率	$3.1 \times 10^{10}\Omega \cdot m$	GB/T 1410—2006
2	自修复护套材料（原始样）	介电强度	19.8MV/m	GB/T 1408.1—2016
	自修复护套材料（自修复后）	介电强度	19.2MV/m	GB/T 1408.1—2016
3	自修复护套材料（原始样）	拉伸强度	10.2MPa	GB/T 528—2009
	自修复护套材料（自修复后）	拉伸强度	9.6MPa	GB/T 528—2009
4	自修复护套材料（原始样）	断断伸长率	333%	GB/T 528—2009
	自修复护套材料（自修复后）	断断伸长率	444%	GB/T 528—2009
5	自修复护套材料（原始样）	氧指数	21.4%	GB/T 2406.2—2009
6	自修复护套材料（原始样）	100℃，168h热老化	10.5%	GB/T 529—2008
7	自修复护套材料（原始样）	100℃，168h热老化	18.1%	GB/T 529—2008

表 8-13 中原始样为自修复电缆护套未损伤样，自修复后为样品剪断后断面接触在一起经过 24h 自修复后的样品。国家标准对修复剂性能要求见表 8-14，通过对照表 8-13 和表 8-14 可见，项目研发的自修复电缆护套材料各项机械、电气、抗老化性能（包括光老化）满足国家标准要求，自修复效率达到 90% 以上，自修复后各项性能满足国家标准要求。

表 8-14 修复电缆护套材料性能检测参照标准

序号	项目名称	性能要求	依据标准
1	20℃体积电阻率	$\geqslant 1 \times 10^9 \Omega \cdot m$	GB/T 32129—2015
2	介电强度	$\geqslant 18 kV/m$	GB/T 1408.1—2016
3	拉伸强度	$\geqslant 9.0 MPa$	GB/T 32129—2015
4	断裂伸长率	$\geqslant 200$	GB/T 32129—2015
5	氧指数	—	GB/T 529—2008

8.5.5 自修复护套材料在电缆包覆

在经典的电缆挤出包覆工艺中，聚乙烯（PE），聚丙烯（PP），聚氯乙烯（PVC）聚合物电缆料被直接加入挤出机中通过外加热量进行熔融，送出来的熔体绕导线而形成管状物，并在口模的成型段紧密地贴合形成制品。项目制备的 Poly-CD-HEA 为一个新型的热固型弹性体，难以熔融，因此我们借鉴传统的挤压包覆工艺，以及聚合物加工中反应型挤出的新技术进行了技术改进：将聚合物的化学反应和加工过程有机地结合成一个完整过程，不采用聚合物直接挤压包覆的方法，而是将拟进行包覆的聚合单体和引发剂等助剂从包覆机头料口加入，延长包覆材料在包覆机模具内的时间，使其在模具中完成聚合反应，然后完成包覆，图 8-22 为模压包覆技术流程示意图。

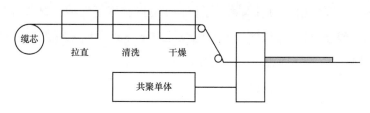

图 8-22 模压包覆技术流程示意图

在此过程中，包覆机内的料筒充当了柱塞流反应器的作用。单体和引发剂经由加料口进入机器后，机器内的螺杆转动实现了各物料之间的均匀混合。Poly-CD-HEA 的聚合在室温环境下进行，料筒内物料的黏度逐渐增大，在模具中造型贴合在线缆外层，最后经干燥收缩过程与线缆紧密地结合在一起。图 8-23 为完成包覆后的电缆材料示意图，可以看到：护套外观光滑紧致，与线缆结合紧密。

图 8-23　包覆了自修复电缆护套材料的电缆

8.6　小　　结

本项目选用环糊精的多聚体 Poly-CD 为主体，改性修饰过的金刚烷单体作为客体。利用客体分子的疏水性和主体分子的 CD 部分内腔的疏水性以及金刚烷客体分子尺寸和 CD 分子内腔的匹配，通过主客体识别作用进行自组装，然后将组装体和单取代的丙烯酸羟乙酯（HEA）之间进行共聚，研制了一种自修复护套材料。经过研究获得以下的成果：

1）在整个聚合物交联网络中，不同于传统的化学交联网络，该聚合物中 Poly-CD 充当着大分子物理交联剂的作用，赋予整个材料较好的机械性能，使研发的新型材料能满足作为电缆护套材料的机械性能需求。新型材料良好力学强度，同时还具有良好的形变能力，断裂伸长率达到 580%。材料的电气性能达到电缆护套材料的国家标准要求。

2）TGA 测试结果显示，所制备的聚合物材料具有较好的热稳定性，使用温度可达 200℃。并且具有良好的阻燃性能，氧指数达到 25.5%。

3）而主客体相互作用力的引入赋予了材料优秀的自修复性能。材料可在室温下自修复其裂纹伤口，修复后材料的机械性能和电性能也依然符合国家标准对电缆护套材料的要求。机械性能恢复 80% 以上，电气性能恢复 90% 以上。

9 自修复性能的评价

9.1 自修复性能评价方法概述

自修复材料是近几年才刚刚出现的新型材料，关于自修复性能的评价和表征方法，没有一定国际惯例，一般为研究者们根据自己材料的特性进行表征。因此，有必要在此建立较为系统的电缆护套材料表征方法。

固体自修复绝缘材料是一种材料受损时能够自我修复的材料，包括以下三类：

（1）内部填充含有修复液的微胶囊或者中空纤维管网络自修复材料；

（2）材料体系中含有可逆动态共价键的自修复材料；

（3）材料体系中含有大量非共价键的超分子作用力（如氢键、主客体包合、静电相互作用等）的自修复材料。

机械损伤是指固体自修复绝缘材料安装、运行时表面的产生的微小划痕，该缺陷结构会畸变电场，从而降低材料的绝缘强度，同时微小划痕还造成机械性能下降。电损伤是指固体自修复绝缘材料在寿命期间内，内部缺陷因局部放电等而产生的损伤。热损伤是指固体自修复绝缘材料在寿命期间内，因局部过热等因素造成的损伤。经过热、力、电场破坏后，固体自修复绝缘材料的绝缘、机械等各项性能下降，自修复效率评价是指固体自修复绝缘材料被热、力、电场破坏后经过自修复后，各项性能指数的恢复程度，判断自修复后性能是否合格是以自修复后的各项性能是否符合国家标准的要求。

固体自修复绝缘材料自修复效率评价包括四个步骤：

（1）试样人为损伤，可采用小刀划伤、切断试样或薄膜划痕仪，见图 9-1；

图 9-1 薄膜划痕仪

（2）样品自修复：使小刀划伤、切断试样的损伤断面互相接触，对于无需外界条件刺激的样品，需等待一段时间自修复，而需要外界条件刺激的样品，需在加热或者紫外光的刺激下，等待一段时间自修复；

（3）性能检测：分别检测样品损伤前及损伤自修复后的各项性能；

（4）自修复效率计算：损伤自修复后的各项性能与损伤前比值，即为自修复效率。

9.2　机械性能自修复评价

9.2.1　试验设备

万能试验机是指集拉伸、弯曲、压缩、剪切、环刚度等功能于一体的材料试验机，图 9-2 为万能试验机设备外观。机械性自修复试验测量机理如图 9-3 所示。

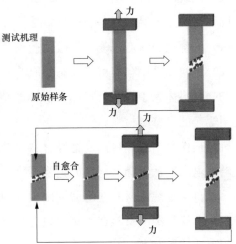

图 9-2　万能试验机　　　　图 9-3　机械性自修复试验测量机理图

9.2.2　拉伸强度和断裂伸长率自修复效率评价

1. 机械损伤下拉伸强度和断裂伸长率自修复效率评价

试验步骤：

（1）采用制样将样品制成哑铃形，厚度 1mm，哑铃形试样的外形见图 9-4。

（2）薄膜划痕仪试验台起始加码 50g。

（3）启动薄膜划痕仪试验台，得到力学载荷破坏后的试验样品，或直接采用小刀划伤或剪断试样。

（4）使损伤断面互相接触，对于无需外界条件刺激的样品，在室温下等待 24h 后等待样品完全自修复，需要外界条件刺激的样品，在 120℃烘箱中加热修复试验样品或紫外光源 365nm 照射 20min 待样品完全自修复。

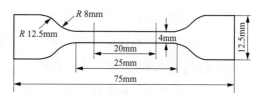

图 9-4　哑铃形试样的外形

（5）将未损伤的试样以及损伤自修复后的样品置于万能拉力试验机的夹具上，设定拉伸速度为 500mm·min^{-1}，测定拉伸断裂时的拉伸强度和断裂伸长率，其中未损伤的试样的拉伸强度记为 δ_0，断裂伸长率记为 ε_0；损伤自修复后的样品第一次自修复后的拉伸强度记为 δ_1，断裂伸长率记为 ε_1，第 n 次自修复后的拉伸强度记为 δ_n，断裂伸长率记为 ε_n，依此类推。完成多次自修复效率检测重复（2）～（4）步骤。

（6）计算样品每次自修复后拉伸强度和断裂伸长率自修复效率。

（7）更换试验样品，每组样品进行 5 次平行试验，取 5 次平行试验结果算术平均值作为最终的测定值。

（8）每次加码 50g 直至 250g，重复（2）～（7），测定不同外力损伤下样品的自修复效率。

2. 电损伤下拉伸强度和断裂伸长率自修复效率评价

（1）工频高压试验平台起始加压为 10kV/mm。

（2）启动工频高压试验平台，耐压 5min 得到耐压试验破坏后的试验样品。

（3）使损伤断面互相接触，对于无需外界条件刺激的样品，在室温下等待 24h 后等待样品完全自修复，需要外界条件刺激的样品，在 120℃烘箱中加热修复试验样品或紫外光源 365nm 照射 20min 待样品完全自修复。

（4）将未损伤的试样以及损伤自修复后的样品置于万能拉力试验机的夹具上，设定拉伸速度为 500mm·min^{-1}，测定拉伸断裂时的拉伸强度和断裂伸长率，其中未损伤的试样的拉伸强度记为 δ_0，断裂伸长率记为 ε_0；损伤自修复后的样品第一次自修复后的拉伸强度记为 δ_1，断裂伸长率记为 ε_1，第 n 次自修复后的拉伸强度记为 δ_n，断裂伸长率记为 ε_n，依此类推。完成多次自修复效率检测重复（2）～（4）步骤。

（5）计算样品每次自修复后拉伸强度和断裂伸长率自修复效率。

（6）更换试验样品，每组样品进行 5 次平行试验，取 5 次平行试验结果算术平均值作为最终的测定值。

（7）更换试验样品，每次升压 5kV/mm 至 20kV/mm，重复（2）～（7）步骤。

3. 力、电场综合作用下拉伸强度和断裂伸长率自修复效率评价

（1）薄膜划痕仪试验台起始加码 50g。

（2）工频高压试验平台起始加压 10kV/mm。

（3）启动薄膜划痕仪试验台，得到力学载荷破坏后的试验样品。

（4）启动工频高压试验平台，耐压 5min 得到耐压试验破坏后的试验样品。

（5）使损伤断面互相接触，对于无需外界条件刺激的样品，在室温下等待 24h 后等待样品完全自修复，需要外界条件刺激的样品，在 120℃烘箱中加热修复试验样品或紫外光源 365nm 照射 20min 待样品完全自修复。

（6）将未损伤的试样以及损伤自修复后的样品置于万能拉力试验机的夹具上，设定拉伸速度为 500mm·min^{-1}，测定拉伸断裂时的拉伸强度和断裂伸长率，其中未损伤的试样的拉伸强度记为 δ_0，断裂伸长率记为 ε_0；损伤自修复后的样品第一次自修复后的拉伸强度记为 δ_1，断裂伸长率记为 ε_1，第 n 次自修复后的拉伸强度记为 δ_n，断裂伸长率记为 ε_n，依此类推。完成多次自修复效率检测重复（2）～（5）步骤。

（7）计算样品每次自修复后拉伸强度和断裂伸长率自修复效率。

（8）更换试验样品，每组样品进行 5 次平行试验，取 5 次平行试验结果算术平均值作为最终的测定值。

（9）更换试验样品，每次升压 5kV/mm 至 20kV/mm，重复（1）～（7）步骤。

（10）更换试验样品，每次加码 50g 至 150g，重复（1）～（7）步骤。

（11）每组样品进行 5 次平行试验，取 5 次平行试验结果算术平均值作为最终的测定值。

9.2.3 试验结果与评价

自愈合之后的拉伸应力 δ_n 与断裂前的拉伸强度 δ_0 的百分比即为自愈合效率 η_σ。

$$\eta_\delta = \frac{\delta_n}{\delta_0} \times 100 \tag{9-1}$$

式中　η_σ——自愈合效率，%；

　　　δ_n——自愈合材料的拉伸强度，MPa；

　　　δ_0——材料损伤前的拉伸应力，MPa。

断裂伸长率自修复效果计算如式（9-2）。

$$\eta_\varepsilon = \frac{\varepsilon_n}{\varepsilon_0} \times 100 \tag{9-2}$$

式中　η_ε——自愈合效率，%；

　　　ε_n——自愈合材料的拉伸强度，MPa；

　　　ε_0——材料损伤前的拉伸应力，MPa。

评价方法：要求拉伸强度和断裂伸长率能够恢复到国标规定的水平，并且要求能多次重复修复，要求次数达到 3 次以上，也就是自修复 3 次以上，自修复后拉伸强度和断裂伸长率还能够恢复到国标规定的水平。

9.2.4　弯曲性能自修复效率评价

1. 试验目的

检测固体绝缘材料自修复经力场、电场等损伤自修复后其弯曲性能的恢复程度。

2. 试验方法

通过弯曲试验检测材料在损伤前的弯曲强度以及受损伤自修复后材料的弯曲强度变化来评价材料弯曲性能的恢复程度，材料弯曲性能自修复效率为材料自修复后的弯曲强度与材料损伤前的弯曲强度比值的百分比。

3. 试验步骤

固体绝缘材料在力场、电场、力场与电场综合作用下试样的损伤以及损伤后的自修复方法见 2.2.1～2.2.3，在万能试验机平台上测试损伤前的固体绝缘自修复材料弯曲性能 Y_1 以及修复后材料弯曲性能 Y_n。

4. 固体绝缘材料力场、电场作用下弯曲性能自修复效率评价

材料的弯曲强度自修复效率为自修复后的弯曲强度与材料损伤前的弯曲强度的百分比，计算式如下：

$$\eta_s = \frac{Y_n}{Y_0} \times 100 \tag{9-3}$$

式中　η_s——为弯曲强度自修复效率，%；

Y_0——材料损伤前的弯曲强度，MPa；

Y_n——材料损伤第 n 次自修复后材料的弯曲强度，MPa。

9.3　电缆护套材料伤口形貌自修复评价

9.3.1　伤口形貌自修复评价所采用的设备

观察电缆绝缘材料伤口的微观形貌变化需通过扫描电镜、超景深显微镜、激光共聚焦显微镜等。

1. 电子扫描显微镜

电子扫描显微镜（SEM）具有放大倍数高的优点，很适合观察尺寸很小的裂纹在修复前后伤口的变化。图 9-5 为日立电子扫描显微镜 SU1510 装置图，图 9-6 为 SEM 自修

复测量方法示意图。

图 9-5 日立扫描电子显微镜 SU1510 装置图

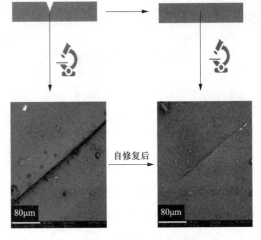

图 9-6 SEM 自修复测量方法示意图

2. 激光共聚焦显微镜

SEM 虽然能观测到微小裂纹的伤口恢复情况，但只能定性观察，而无法进行定量测量。而激光共聚焦显微镜能够通过激光扫描得到伤口宽度和深度的具体数值，可以定性的计算出伤口的截面积。因此，我们拟通过激光光聚焦显微镜定量的计算出裂纹愈合前后的截面积，对裂纹修复效率进行评估。图 9-7 为德国蔡司（ZEISS）LSM 510 SYS-TEM 激光共聚焦显微镜装置图，图 9-8 为激光共聚焦显微镜的工作原理，图 9-9 为裂纹自愈合恢复率的计算方法示意图。

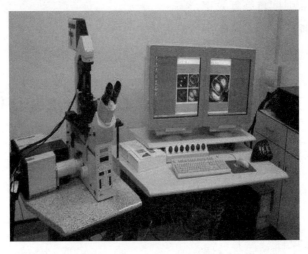

图 9-7 德国蔡司（ZEISS）LSM 510 SYSTEM 激光共聚焦显微镜装置图

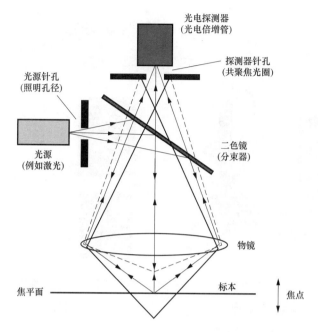

图 9-8　激光共聚焦显微镜的工作原理

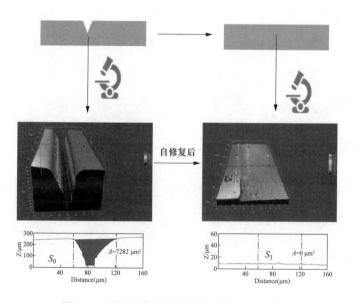

图 9-9　裂纹自修复恢复率的计算方法示意图

3. 三维超景深显微镜

三维超景深显微镜能够看出材料自愈合前后深度和宽度的变化，能够半定量的算出自愈合效率，操作过程非常复杂，但是测试成本低，图 9-10 为德国 Leica DMS1000 三维超景深显微镜装置图。图 9-11 为三维超景深显微镜自修复测量方法示意图。

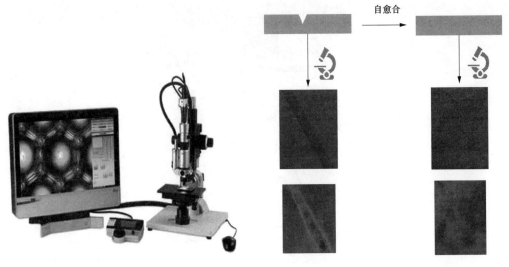

图 9-10 德国 Leica DMS1000
三维超景深显微镜装置图

图 9-11 三维超景深显微镜
自修复测量方法示意图

9.3.2 试验目的

试验的目的是检测固体自修复绝缘材料受损伤后经过材料的自修复作用后其伤口外观的恢复程度。

9.3.3 试验方法

对电缆护套材料进行人为损伤，首先采用显微镜观测电缆护套材料损伤时的初始伤口外观尺寸（横截面积），然后，将伤口的断面接触，待材料完全修复后，重新观测自修复后的伤口外观尺寸（横截面积），那么初始伤口外观尺寸与自愈合后伤口外观尺寸差值与初始伤口外观尺寸之比即为自愈合效率。

9.3.4 试验步骤

1. 试验样品的制备

将样品制成平板型试样，尺寸为 30mm×5mm×2mm（长×宽×厚），平行试样个数至少为五个。

2. 样品损伤初始伤口外观尺寸

采用显微镜观测初始伤口外观尺寸，记录为 S_0。

3. 样品损伤与自修复操作

固体绝缘材料在力场、电场、力场与电场综合作用下试样的损伤以及损伤后的自修复方法见 2.2.1～2.2.3。采用显微镜观测自修复后伤口面积 S_n。

4. 自愈合性能评价

1）自愈合效率计算。

$$\eta_s = \frac{S_0 - S_n}{S_0} \times 100 \tag{9-4}$$

式中　η_s——自愈合效率，%；

　　　S_n——第 n 次自修复后伤口面积，μm^2；

　　　S_0——伤口初始面积，μm^2。

2）自愈合效果评价。要求材料能实现多次修复，至少修复 3 次，并且经过多次修复后自修复效率达到 90% 以上。

9.4　固体绝缘自修复材料自修复评价方法

9.4.1　体积电阻率自修复评价方法

1. 试验目的

试验的目的是检测固体绝缘自修复材料受损伤后经过材料的自修复作用后其绝缘性能的恢复程度，绝缘性能指标采用体积电阻率。

2. 试验设备

绝缘材料体积电阻的测定采用高阻法（见图 9-12），测量电路见图 9-13。在测定电路中材料的体积电阻 $R \gg R_0$ 时，体积电阻计算如式（9-5）。

图 9-12　高阻仪

$$R = (U/U_0) \cdot R_0 \tag{9-5}$$

式中　R——试样电阻，Ω；

　　　R_0——标准电阻，Ω；

　　　U——试验电压，V；

　　　U_0——标准电阻两端电压，V。

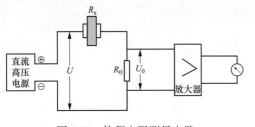

图 9-13 体积电阻测量电路

体积电阻率的计算公式如式（9-6）。

$$\rho = R(A/h) \tag{9-6}$$

式中 ρ ——体积电阻率，$\Omega \cdot m$；

R ——测得的试样体积电阻，Ω；

A ——测量电极的有效面积，m^2；

h ——样品的厚度，m。

在采用保护电极情况下，电极结构见图 9-14，测量电极的有效面积还需考虑保护电极与被保护电极之间的间隙，以下是不同形状电极的有效面积。

圆形电极：$A = \pi (d_1 + g)^2 / 4 \tag{9-7}$

方形电极：$A = (a+g) \times (b+g) \tag{9-8}$

式中 d_1 ——为被保护电极直径，cm；

g ——保护电极与被保护电极的间隙，cm；

a、b ——电极边长，cm。

图 9-14 电极结构

1—被保护电极；2—保护电极；3—试样；4—测量电极

为了消除样品厚薄不均造成的测量误差，将样品划分成不少于 6 个的等分块，分别在每个等分块内设点采用测厚仪测定厚度，以剔除离群后各测点的厚度的算术平均值作为样品厚度的最终测定结果。先检验厚度测定结果是否存在离群值，剔除离群值后，再计算平均值。离群值检验采用 Grubbs 检验法，统计量计算如下：

$$G' = \frac{|h_1 - \bar{h}|}{S} \tag{9-9}$$

式中 h_1 ——测定结果中某一待检离群值；

S ——测定结果的标准差。

若 $G >$ 大于临界值 $G_{n(a)}$，则判定为离群值，应舍弃，将剩余的测定值继续检验，直到无离群值为止。

9.4.2 损伤前绝缘材料体积电阻率测定

采用高阻法测定其体积电阻率，各次的测定结果记录为 ρ_{n0}；分别计算出 n 个样品损伤前体积电阻率平均值 $\overline{\rho_0}$ 值及其标准差 s_0，当某一测定结果的偏差（即与平均值的差值）与标准偏差 s_0 的比值大于临界值 $G_{n(a)}$ 时，则判定为离群值，应舍弃。对剩余数据进行离群值检验，一直至无离群值，最终取剔除离群值后的测定结果平均值作为最终测定结果。统计值 G_n 的计算式如下：

$$G_n = \frac{|\rho_{n0} - \overline{\rho_0}|}{S_0} \tag{9-10}$$

9.4.3 自修复后试样体积电阻率的测定

自修复后试样体积电阻率的测定包括以下步骤：固体绝缘材料在力场、电场、力场与电场综合作用下试样的损伤以及损伤后的自修复方法见 2.2.1～2.2.3，待试样完全自修复后，利用高阻计测试各试样的体积电阻率，为了检验自修复材料是否能够反复多次自修复，这个过程反复进行 k 次，将各试样自修复后测试的体积电阻率记为 ρ_{nk}。根据以上的测定结果，计算每个样品测量 k 次结果的平均值和方差，计算式如下：

$$\overline{\rho_n} = \frac{\rho_{nk}}{k} \tag{9-11}$$

$$S_n^2 = \frac{(\rho_{nk} - \overline{\rho_n})^2}{k-1} \tag{9-12}$$

式中 $\overline{\rho_n}$——某一样品测量 k 次结果的平均值；

S_n^2——某一样品测量 k 次结果的方差；

ρ_{nk}——某一样品某一次测定结果；

k——一样品测量次数。

采用科克伦最大准数检验所有测定离群值，统计所有样品的总方差 $\sum\limits_{i}^{n} S_n^2$，并找出方差最大的某一试验结果，那么当方差最大的试验结果与总方差的比值 $C_{n,k}$ 大于临界值 $C_{n,k(\alpha)}$，则判定方差最大的样品的测定结果的平均值为离群值，应舍弃。对剩余数据进行离群值检验，一直至无离群值，最终取剔除离群值后的测定结果平均值作为最终测定结果。

$$C_{n,\,k} = \frac{S_{max}^2}{\sum\limits_{i=1}^{n} S_n^2} \tag{9-13}$$

$$\overline{\overline{\rho}} = \frac{\overline{\rho_n}}{n} \tag{9-14}$$

9.4.4 绝缘材料绝缘性能自修复能力的判定

将自修复之后样品平均体积电阻率与试样损伤前体积电阻率的百分比作为为电缆护套材料的自愈合效率 η（百分率，%），计算式如下：

$$\eta = \frac{\overline{\overline{\rho}}}{\rho_0} \times 100 \tag{9-15}$$

电气性能自修复恢复程度评价的预设条件为：在同一位置人为损伤多次自修复后，自愈合效率均不低于 90%，即自愈合效率的置信范围内不低于 90% 时，绝缘材料自修复能力是合格的。

$$\left| \eta \pm \frac{ts}{\overline{\rho}_0 \sqrt{nk}} \times 100 \right| \geqslant 90 \qquad (9-16)$$

9.5 击穿强度性能修复效果评价

9.5.1 试验目的

检测检验固体绝缘自修复材料经力、电场等损伤后，经过自修复其击穿强度的恢复程度。

9.5.2 试验方法

通过工频击穿试验检测材料在损伤前的击穿强度以及受损伤自修复后材料的击穿强度变化来评价自修复材料击穿强度的恢复程度，材料击穿强度自修复效率为材料自修复后的击穿强度与材料损伤前的击穿强度比值的百分比。

9.5.3 试验仪器

电压击穿试验仪，又叫电压击穿测试仪，如图 9-15 所示，主要适用于固体绝缘材料

如：塑料、薄膜、树脂、云母、陶瓷、玻璃、绝缘漆等介质在工频电压或直流电压下击穿强度和耐电压时间的测试，电压击穿试验仪满足 GB 1408—2006《绝缘材料电气强度试验方法》，GB/T 1695—2005《硫化橡胶工频电压击穿强度和耐电压强度试验》，GB/T 3333《电缆纸工频电压击穿试验方法》，HG/T 3330《绝缘漆漆膜击穿强度测定法》，GB 12656《电容器纸工频电压击穿试验方法》及 ASTM D149 标准要求。

图 9-15 电压击穿试验仪

9.5.4 试验步骤

固体绝缘材料在力场、电场、力场与电场综合作用下试样的损伤以及损伤后的自修复方法见 2.2.1~2.2.3，在高压实验平台上测试损伤前的固体绝缘自修复材料击穿强度 E_0 以及第 n 修复后材料击穿强度 E_n。

9.5.5　力、电场作用下击穿强度自修复程度计算

（1）击穿强度自修复程度计算。材料的击穿强度自修复效率为自修复后的击穿强度与材料损伤前的击穿强度的百分比，计算式如下：

$$\eta_E = \frac{E_n}{E_0} \times 100 \tag{9-17}$$

式中　η_E——为击穿强度自修复效率，%；

　　　E_0——材料损伤前的弯曲强度，kV；

　　　E_n——材料损伤自修复后材料的击穿强度，kV。

（2）自愈合效果评价。要求材料能实现多次修复，至少修复 3 次，并且经过多次修复后击穿强度自修复效率达到 90% 以上。

9.6　应　用　实　例

实例 1：评价某一自修复绝缘护套材料体积电阻率自修复效率。

测定样品损伤前的体积电阻率。将样品划分为 6 个长和宽等于 100mm、厚度约为（3.0±0.5）mm 的平板试样，测定损伤前测试各试样体积电阻率见表 9-1。

表 9-1			损伤前测试各试样体积电阻率			
编号	1	2	3	4	5	6
$\rho_{io}/\Omega \cdot m$	1.05×10^9	1.19×10^9	6.84×10^8	8.85×10^8	9.32×10^8	9.84×10^8

根据表 9-1，通过采用 Grubbs 检验法检验测定结果中的离群值，计算如式（9-18）：

$$G_n = \frac{|\rho_{n0} - \overline{\rho_0}|}{S_0} = 1.82 \tag{9-18}$$

查表可知：$G_{6(0.05)} = 1.59$，$G_n > G_{6(0.05)}$，表明存在离群值，其中 3 号样为离群值，剔除离群值后，最终 $\overline{\rho_0}$ 取值 $9.54 \times 10^8 \Omega \cdot m$。将以上 6 个试样进行切割成两部分，然后将伤口两端相互接触，在室温下等待 24h，待试样完全自修复后，再利用高阻计测定自修复后各试样的体积电阻率，每个试样分别测定 6 次，测定结果见表 9-2。

表 9-2			自修复试样品测量 6 次的结果			
样品数 ＼ 次数	1	2	3	4	5	6
1	8.78×10^8	8.82×10^8	5.84×10^8	8.84×10^8	8.53×10^8	8.86×10^8
2	8.42×10^8	8.48×10^8	8.68×10^8	8.86×10^8	8.56×10^8	8.62×10^8

次数 样品数	1	2	3	4	5	6
3	$8.96×10^8$	$8.74×10^8$	$8.96×10^8$	$8.96×10^8$	$8.72×10^8$	$8.81×10^8$
4	$8.46×10^8$	$8.66×10^8$	$8.64×10^8$	$8.79×10^8$	$8.97×10^8$	$8.89×10^8$
5	$8.58×10^8$	$8.78×10^8$	$8.84×10^8$	$8.84×10^8$	$9.12×10^8$	$8.76×10^8$
6	$8.72×10^8$	$8.88×10^8$	$8.90×10^8$	$8.54×10^8$	$8.67×10^8$	$8.75×10^8$

由表 9-2 可得 $C_{n,k}=0.922$，查表知 $C_{6,6,0.05}=0.447$，表明存在离群值，其中第 1 号样测定结果为离群值，剔除 1 号样测定结果，继续检验剩余的 2～6 号样是否存在离群值，此时各个样品的 6 次平行试验标准方差和为 $0.121×10^8$，其中 4 号样测定结果方差最大，$S^2_{\max}$ 为 $0.0345×10^8$，统计值计算如式（9-19）：

$$C_{5.6,0.05}=\frac{S^2_{\max}}{\sum\limits_{j=1}^{n}S^2_{n}}=\frac{0.0345×10^8}{0.121×10^8}=0.285 \qquad (9-19)$$

查表得 $C_{5,6(0.05)}=0.5063>0.285$，表明第 4 号样测定结果不是离群值，不需剔除 4 号样测定结果，无需再检验，计算出 2～6 号样的平均值 $\overline{\overline{\rho}}$ 为 $8.75×10^8\,\Omega\cdot m$，此时自修复效率计算如式（9-20）：

$$\eta=\frac{\overline{\overline{\rho}}}{\rho_0}×100=\frac{8.75×10^8}{9.54×10^8}×100=91.71$$

$$\left|\eta+\frac{ts}{\overline{\rho_0}\sqrt{nk}}×100\right|=91.716 \qquad (9-20)$$

$$\left|\eta-\frac{ts}{\overline{\rho_0}\sqrt{nk}}×100\right|=91.704$$

由此可见，91.716 和 91.704 均大于 90，因此，试样的电气性能自修复能力合格。

实例 2：评价某一自修复绝缘护套材料伤口表观形貌自修复效率。

将三根的试样用小刀切成两段，然后将伤口两端相互接触，采用激光共聚焦显微镜观察测定伤口初始横切面积 S_0（见图 9-16），分别测定三根的试样的伤口初始横切面积。室温下等待 24h 后，待试样完全自愈合后，采用激光共聚焦显微镜观察测定四根试样伤口横切面积 S_1（见图 9-17）。

3 个样品的测定结果见表 9-3，根据式（9-4）计算每个样品表观形貌的自修复效率，结果见表 9-3。

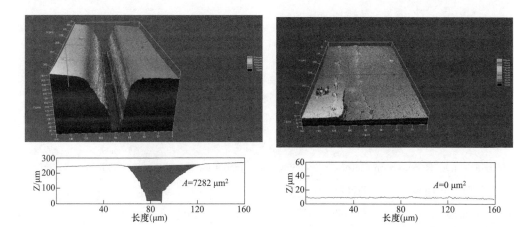

图 9-16　显微镜观察到的初始伤口横截面积　　图 9-17　自修复后显微镜观察到的伤口横截面积

表 9-3　　　　　　　　　　　　显微镜法测定的自修复效率

序号	初始伤口横截面积（μm^2）	自修复后伤口横截面积（μm^2）	自修复效率（％）
1	7282	0	100
2	7489	96	98.72
3	7698	106	98.64

由表 9-3 可见，3 个样品的表观形貌的自修复效率达到 99％以上，裂纹基本消失。

9.7　本　章　小　结

自修复电缆绝缘材料作为一种新型智能材料，目前，国内外尚未有相关的自修复效果评价标准，不利于新材料的开发和更新迭代，不利于新材料推广应用，因此，对于自修复电缆绝缘材料自修复效果评价方法的制定还是非常必要的。本章论述了自修复电缆绝缘材料在机械损伤以及耦合电损伤情况下，材料的力学、绝缘性能、表观形貌自修复效果评价方法，首先在采用薄膜划痕仪、工频高压试验平台等方式模拟电缆在实际运行过程机械损伤和电损伤，然后，使损伤产生的两个断面相互接触，损伤断面之间发生自修复，以自修复后性能指标与损伤前的性能指标的百分率作为评价自修复效果的依据，百分率越高，自修复效率越高，当然，评价自修复电缆绝缘材料的自修复能力不仅要考察材料是否有自修复性能，还需考察自修复后性能能否恢复到国家标准要求的性能指标，这样材料自修复后方能重新投入应用，才具有实际意义。

参 考 文 献

［1］ Jiao Zhen，Xia Quan. Statistics and Analysis of Accidents in High-voltage Power Cables ［J］. Electric Power Supply，2011，28（2）：64-66.

［2］ Zhou Yang. Research on factors influencing cable insulation performance and its countermeasures ［D］. Dalian University of Technology，2015.

［3］ Gao Huijuan. Wire and Cable Quality Problems and Supervision and Inspection Measures ［J］. Commodity and Quality，Academic Observation，2014（8）.（in Chinese）.

［4］ Zhou Yang. Research on the factors influencing the cable insulation performance and its countermeasures ［D］. Dalian University of Technology，2015.（in Chinese）.

［5］ Jiao Zhen，Xia Quan. Statistics and Analysis of High-voltage Power Line Accidents ［J］. Supply and Use，2011，28（2）：64-66.（in Chinese）.

［6］ Vokey D E，Loewen M. Method of estimating the location of a cable break including a means to measure resistive fault levels for cable sections：US，US6181140 ［P］. 2001.

［7］ JL Mynar，T Aida. Materials science：The gift of healing ［J］. Nature，2008，451（7181）：895-6.

［8］ Loader C B，Hawyes V J. A smart repair system for polymer matrix composites ［J］. Composites Part A Applied Science & Manufacturing，2001，32（12）：1767-1776.

［9］ Trask R S，Williams G J，Bond I P. Bioinspired self-healing of advanced composite structures using hollow glass fibres ［J］. Journal of the Royal Society Interface，2007，4（13）：363-371.

［10］ White S R，Sottos N R，Geubelle P H，et al. Autonomic healing of polymer composites ［J］. Nature，2001，409（6822）：794.

［11］ Keller M，White S，Sottos N. A Self-Healing Poly（Dimethyl Siloxane）Elastomer ［J］. Advanced Functional Materials，2010，17（14）：2399-2404.

［12］ Rule J，Brown E，Sottos N，et al. Wax-Protected Catalyst Microspheres for Efficient Self-Healing Materials ［J］. Advanced Materials，2010，17（2）：205-208.

［13］ Toohey K S，Sottos N R，Lewis J A，et al. Self-healing materials with microvascular networks. ［J］. Nature Materials，2007，6（8）：581-585.

［14］ Toohey K S，Hansen C J，Lewis J A，et al. Self-Healing Chemistry：Delivery of Two-Part Self-Healing Chemistry via Microvascular Networks ［J］. Advanced Functional Materials，2009，19（9）：1399-1405.

［15］ Xiangxu Chen，Fred Wudl，A. K. M.，et al. New Thermally Remendable Highly Cross-Linked Polymeric Materials ［J］. Macromolecules，2003，36（6）：1802-1807.

［16］ Ling J，Rong M Z，Zhang M Q． Coumarin imparts repeated photochemical remendability to poly-urethane ［J］． Journal of Materials Chemistry，2011，21（45）：18373-18380．

［17］ Zeng Fei，Chen Chuanfeng． Supramolecular polymer gels with self-healing and stimuli-responsive properties based on triptycene bis-crown ethers ［C］//National Supramolecular Chemistry Symposi-um． 2012．（in Chinese）

［18］ Cordier P，Tournilhac F，Souliéziakovic C，et al． Self-healing and thermoreversible rubber from supramolecular assembly． ［J］． Nature，2008，451（7181）：977．

［19］ Burattini S，Colquhoun H M，Fox J D，et al． A self-repairing，supramolecular polymer system：healability as a consequence of donor-acceptor π-π stacking interactions ［J］． Chemical Communica-tions，2009，44（44）：6717．

［20］ Burattini S，Greenland B W，Merino D H，et al． A healable supramolecular polymer blend based on aromatic pi-pi stacking and hydrogen-bonding interactions． ［J］． Journal of the American Chem-ical Society，2010，132（34）：12051．

［21］ Bode S，Zedler L，Schacher F H，et al． Self-healing polymer coatings based on crosslinked metal-losupramolecular copolymers ［J］． Advanced Materials，2013，25（11）：1634-1638．

［22］ Nakahata M，Takashima Y，Yamaguchi H，et al． Redox-responsive self-healing materials formed from host-guest polymers ［J］． Nature Communications，2011，2（1）：511-517．

［23］ Zhang M，Xu D，Yan X，et al． Self-healing supramolecular gels formed by crown ether based host-guest interactions ［J］． Angewandte Chemie，2012，51（28）：7011-7015．

［24］ Wang Q，Mynar J L，Yoshida M，et al． High-water-content mouldable hydrogels by mixing clay and a dendritic molecular binder． ［J］． Nature，2010，463（7279）：339-343．

［25］ Zhang D L，Ju X，Li L H，et al． An efficient multiple healing conductive composite via host-guest inclusion ［J］． Chemical Communications，2015，51（29）：6377-6380．

［26］ Hoogenboom R． Hard Autonomous Self-Healing Supramolecular Materials-A Contradiction in Terms？［J］． Angewandte Chemie International Edition，2012，51（48）：11942-11944．

［27］ Wietor J L，Sijbesma R P． A self-healing elastomer ［J］． Angewandte Chemie，2008，47（43）：8161-8163．

［28］ Cordier P，Tournilhac F，SouliéZiakovic C，et al． Self-healing and thermoreversible rubber from supramolecular assembly ［J］． Nature，2008，451（7181）：977-980．

［29］ 郭志伟． 飞机的非线性自修复控制 ［D］． 合肥：中国科学技术大学，2010．

［30］ 赖政清． 薄壁氧化铝空心球自修复混凝土的试验研究 ［D］． 西安：长安大学，2014．

［31］ 王磊． 金属抗磨自修复剂在工程船舶柴油机上的应用研究 ［D］． 武汉：武汉理工大学，2009．

［32］ 敖伟． 电力电缆老化机理研究 ［J］． 科技创新与应用，2014（12）：123-123．

［33］ 宋建成，高乃奎，成永红，等． 大电机定子复合绝缘材料老化的动态力学分析 ［J］． 复合材料学报，2002，19（5）：102-107．

［34］ 全国塑料标准化技术委员会方法和产品分会. 塑料拉伸性能的测定　第一部分：总则：GB/T 1040.1—2018 ［S］. 北京：中国标准出版社，2007.

［35］ 全国电线电缆标准化技术委员会. 电线电缆用无卤低烟阻燃电缆料：GB/T 32129—2015 ［S］. 北京：中国标准出版社，2015.

［36］ 全国电线电缆标准化技术委员会. 电缆和光缆绝缘和护套材料通用试验方法 第 32 部分：聚氯乙烯混合料专用试验方法-失重试验-热稳定性试验：GB/T 2951.32—2008 ［S］. 北京：中国标准出版社，2008.

［37］ 全国绝缘材料标准化技术委员会. 固体绝缘材料体积电阻率和表面电阻率试验方法：GB/T 1410—2006 ［S］. 北京：中国标准出版社，2006.

［38］ 全国塑料标准化技术委员会. 塑料用氧指数法测定燃烧行为　第 1 部分：导则：GB/T 2406.1—2008 ［S］. 北京：中国标准出版社，2006.

［39］ 黄晓峰，范平涛，等. 基于硅氧烷的 XLPE 电缆水树的修复方法 ［J］. 高压电器，2014 （1）：61-66.

［40］ 曾飞，陈传峰. 基于三蝶烯双冠醚形成的具有自修复、刺激响应性能的超分子聚合物凝胶 ［C］//全国超分子化学学术讨论会. 2012.

［41］ 王伟钢，林再富，徐莉莎，丁春梅，李建树. 高分子材料科学与工程 ［J］. 2016，32 （8）：28-31.

［42］ Tan M.．Studies on the Preparation and Characterization of Functional Hydrogels Based on β-cyclodextrin, Soochow University，2015.

［43］ Lin M. S.，PENG L.，FU. Q.，et. al. Research on Self-healing Insulating Material Based on Host-guest Cooperation, Chemical Journal of Chinese Universities 2018，39 （11），2572-2580.

［44］ 国家合成树脂质量监督检测中心、广州金发科技有限公司，塑料用氧指数法测定燃烧行为　第 1 部分：导则：GB/T 2406.1—2008 （S）. 北京：中国标准出版社，2006.

［45］ 林木松，钱艺华，范圣平，等. 电缆护套材料超分子自修复技术研究. 绝缘材料 ［J］. 2019，52 （8）：60-65.

［46］ 张艳芳；杜泓志；李后英，等. 采用分子动力学模拟技术研究聚乙烯/脲醛树脂复合材料中水分的扩散 ［J］. 绝缘材料，2020，53 （9）：37-41.

［47］ Zhang, H.，Wang, P.，Yang, J. Self-healing epoxy via epoxy-amine chemistry in dual hollow glass bubbles ［J］. Composites Science & Technology，2014，94，23-29.

［48］ 夏宇，李伯男，李熙，等. 自修复型微胶囊内部微裂纹损伤特性的仿真分析 ［J］. 绝缘材料，2020，53 （10）：75-81.

［49］ 彭格，张艳芳，李玉栋. 微胶囊对聚乙烯材料绝缘性能的影响研究 ［J］. 绝缘材料，2021，54 （2）：80-86.

［50］ Gergely, R. C. R.；Cruz, W. A. S.；Krull, B. P.；Pruitt, E. L.；Wang, J.；Sottos, N. R.；White, S. R. Restoration of Impact Damage in Polymers via a Hybrid Microcapsule-Microvascular

Self-Healing System［J］. Advanced Functional Materials，2018，28，1704197.

［51］ Postiglione, G. ; Alberini, M. ; Leigh, S. ; Levi, M. ; Turri, S. Effect of 3D-Printed Micro-vascular Network Design on the Self-Healing Behavior of Cross-Linked Polymers［J］. ACS Applied Materials & Interfaces，2017，9，14371.

［52］ 张伦亮，万里鹰，黄军同，等. 基于 Diels-Alder 动态共价键的含 PEGDE 片段自修复环氧树脂［J］. 化工学报，2020，71（6）：2871-2879.

［53］ 余瀚森. 利用动态共价键构筑可注射自修复水凝胶［D］. 合肥：中国科学技术大学，2017.

［54］ 梅金凤. 基于动态非共价键的自主型自修复材料的合成与性质［D］. 南京：南京大学，2016.

［55］ 王晓飞. 基于动态可逆动态共价键与非共价键结合的自修复 IPN 水凝胶的制备与性能研究［D］. 青岛：青岛科技大学，2018.

［56］ Mozhdehi, D. ; Ayala, S. ; Cromwell, O. R. ; Guan, Z. Self-healing multiphase polymers via dynamic metal-ligand interactions［J］. Journal of the American Chemical Society，2014，136，16128-16131.

［57］ Nakahata, M. ; Takashima, Y. ; Yamaguchi, H. ; Harada, A. Redox-responsive self-healing materials formed from host-guest polymers［J］. Nature Communications，2011，2（1）：511-517.

［58］ DL/T 596—1966《电力设备预防性试验规程》［S］. 北京：中国标准出版社，1966.

［59］ 林木松，范圣评，彭磊，付强. 电缆护套材料老化规律及其防治技术［J］. 广东电力，2018，31（增刊1）：93-99.

［60］ 李玉栋. 微胶囊/低密度聚乙烯绝缘复合材料的自修复特性研究［D］. 重庆：重庆大学，2020.

［61］ 鲁路. 阳离子诱导海藻酸水溶液凝胶化及其边界行为［D］. 华南理工大学. 2006.

［62］ 黄志宇，郑存川. 基于动态共价键的自修复压裂液的制备及其性能［J］. 油田化学，2020，37（4）：629-634.

［63］ 林木松，彭磊，付强，等. 基于主客体包合作用的自修复绝缘材料制备及性能研究［J］. 高等学校化学学报，2018，39（11）：2572-2580.